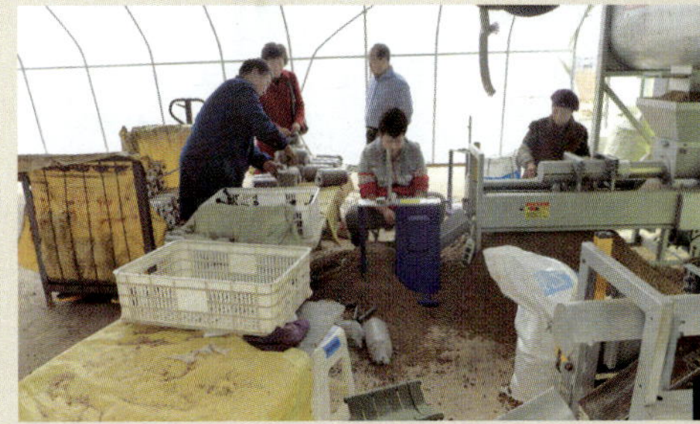

1. 翻料机
2. 铲料车
3. 半自动拌料机
4. 装袋现场
5. 机械装袋
6. 手工装袋

1. 简易灭菌包
2. 简易小型灭菌灶
3. 大型高压灭菌锅
4. 准备灭菌的袋料
5. 半地下式出菇棚
6. 地沟式拱棚

1. 简易拱棚
2. 连栋式出菇棚
3. 仿蔬菜式日光温室
4. 室外发菌
5. 室内发菌
6. 棚内发菌

1. 林地发菌
2. 袋栽堆垛式出菇
3. 排袋出菇
4. 菌墙式栽培
5. 覆土栽培
6. 菇棚内的通风口

平菇
优质生产技术

PINGGU YOUZHI SHENGCHAN JISHU

高春燕　王朝江　李　慧　编著

中国科学技术出版社
·北　京·

图书在版编目（CIP）数据

平菇优质生产技术 / 高春燕，王朝江，李慧编著 . —北京：中国科学技术出版社，2017.8

ISBN 978-7-5046-7589-7

Ⅰ. ①平… Ⅱ. ①高… ②王… ③李… Ⅲ. ①平菇–蔬菜园艺 Ⅳ. ① S646.1

中国版本图书馆 CIP 数据核字（2017）第 172715 号

策划编辑　张海莲　乌日娜
责任编辑　张海莲　乌日娜
装帧设计　中文天地
责任印制　徐　飞

出　　版　中国科学技术出版社
发　　行　中国科学技术出版社发行部
地　　址　北京市海淀区中关村南大街16号
邮　　编　100081
发行电话　010-62173865
传　　真　010-62173081
网　　址　http://www.cspbooks.com.cn

开　　本　889mm × 1194mm　1/32
字　　数　120千字
印　　张　5.25
彩　　页　4
版　　次　2017年8月第1版
印　　次　2017年8月第1次印刷
印　　刷　北京威远印刷有限公司
书　　号　ISBN 978-7-5046-7589-7 / S・660
定　　价　20.00元

Contents 目 录

第一章 平菇栽培的生物学基础

一、平菇的子实体形态

平菇子实体是平菇的繁殖器官，也是主要食用部分，由菌盖、菌柄、菌褶3部分组成。菌盖呈扇形，宽5～20厘米，甚至更大。菌盖的颜色因品种和生长温度不同而差异很大，一般呈灰白或灰黑色。菌褶位于菌盖下方，呈刀片状，一般为白色，质脆易断，成熟后可散发出许多担孢子。菌柄与菌盖相连，对菌盖有支撑作用，为白色，一般侧生或偏生，菌柄长因品种及生长环境不同而异，长度一般为2～8厘米，柄基部常被有茸毛。

二、平菇的生长发育周期

平菇的生长发育周期为从孢子发育成单核菌丝，单核菌丝发育为双核菌丝体，再发育为子实体，子实体再弹射出孢子的循环过程。平菇属于四极性异宗结合的食用菌，担孢子成熟后，孢子从子实体上弹射出来，在合适的温度、水分和营养条件下萌发、形成具有4种基因型的单核菌丝。这种单核菌丝的细胞中只有1个细胞核，菌丝较细、没有锁状联合，也不能形成子实体。随着单核菌丝的发育，2条不同性别的单核菌丝结合形成双核菌丝，也叫次生菌丝。次生菌丝中含有不同遗传性质的2个核，可以不断地进行细胞分裂，产生分枝，从而进一步生长发育直至生理成熟。次生菌丝遇到适宜的温度、湿度、光线就开始扭结，在培养料上形成菌蕾，直至形成子实体，子实体成熟后，又在菌褶的子实层中产生担子。担子经过核配，再经过减数分裂和有丝分裂，形成担孢子，当孢子成熟后从菌褶上弹射出来。这样，平菇就完成了一个生长发育周期，如此循环往复，就是平菇的生活史。

三、平菇的生存条件

平菇同其他生物一样，在生长发育过程中要进行新陈代谢活动，需要吸取营养物质和具备一定的生态环境。人工栽培平菇时，必须采取正确的方法，以充分满足其生长发育对环境条件的要求，达到高产稳产的目的。平菇属腐生菌，不含叶绿素，不能进行光合作用，必须依靠分解吸收基质中的营养物质来满足自身生长发育的需要，所需的营养物质可分为碳源、氮源、矿物质和生长因子。平菇正常生长必须有适宜的生态环境，包括温度、湿度、通风、光照、酸碱度等。平菇生长发育的环境条件是指导栽培管理的重要理论基础。

1. 碳　源

碳源是平菇的重要营养源，主要作用是构成细胞物质和提供生长发育所需的能量，是平菇中含量最多的元素，平菇主要利用有机碳源，如葡萄糖、蔗糖、有机酸和醇类等小分子有机物，以及纤维素、半纤维素、木质素、果胶、淀粉等高分子有机物，小分子有机物可直接被细胞吸收利用，大分子有机物如淀粉和纤维素必须经过淀粉酶和纤维素酶降解成葡萄糖才能被利用，半纤维素和木质素必须经过半纤维素酶和木质素酶降解成各种单糖后才能被利用。在平菇栽培中除葡萄糖、蔗糖等简单的糖类外，碳源主要来自各种富含纤维素、半纤维素、木质素的农副产品下脚料，如棉籽壳、玉米芯、甘蔗渣等。研究表明，甘露糖、葡萄

糖、麦芽糖有利于平菇的菌丝生长，蔗糖、果糖、淀粉、纤维素有利于子实体形成。在制作母种培养基时添加葡萄糖有利于菌丝直接吸收，会使菌丝生长较快。而在实际栽培过程中，树木和秸秆中的纤维素、半纤维素、木质素是平菇良好的碳源，但因分解较慢，不能满足菌丝的生长需要。为了促使菌丝迅速生长，最好在木屑、秸秆等培养料中适量添加米糠、麸皮等容易利用的碳源作辅料，诱导纤维素酶和木质素酶的产生。

2. 氮　源

氮源是平菇的重要营养源，主要作用是合成蛋白质和核酸。平菇可利用包括铵盐、硝酸盐在内的无机氮和各种有机氮，在实际生产中，一般以天然的含氮化合物，如米糠、麸皮、玉米粉、豆饼粉作为氮源。这些农副产品不仅提供了氮素营养，还可诱导产生纤维素酶，加速培养料的分解。添加米糠等有机辅料，要求新鲜、无霉变，否则对菌丝有抑制作用。尿素化肥等不宜多添加，一般添加量不超过0.3%。过量添加不仅使成本提高，而且所挥发的气体还会对菌丝产生抑制作用，严重时甚至会造成菌丝的萎缩死亡，同时也会产生大量的鬼伞，影响出菇。

食用菌栽培中所说的碳氮比是指培养料中所含碳和氮之间的比率。严格地说，碳氮比是指培养料中所含的碳原子的摩尔数与氮原子的摩尔数之比。任何生物细胞在生长发育过程中都要耗费大量的碳、氮，特别是碳素，以获得自身细胞代谢所需的能量。一般生物的碳、氮转化率低于40%，所以在菌丝培养阶段碳氮比率较小；在生殖生长阶段，由于经过漫长的菌丝培养过程，使碳氮比率较大。若碳源过多难以获得高产，氮源过多，则又推迟了子实体的形成。平菇栽培时，营养生长阶段碳氮比以20∶1为好，而在生殖生长阶段以30～40∶1为宜。选择的培养基质不一样，碳氮比也不同，一般禾本科植物的碳氮比为60～80∶1，而木本植物残体的碳氮比为200～350∶1。因而在代料栽培中，为了补充木屑和作物秸秆的氮源不足，常加些麦麸、牛粪等或经过发酵来调节碳氮比，以利于菌丝生长，并获得高产。

3. 水分和空气湿度

平菇属于喜湿性菌类，对营养的吸收运输和物质代谢都必须依靠水分的参与完成。平菇生长发育所需要的水分，绝大部分来自培养料，只有少部分从空气中获得。平菇培养料的含水量以60%左右为宜，含水量过低，菌丝生长细弱，影响子实体的形成和发育；含水量过高，培养料内氧气量少，菌丝生长受抑制。生产中每采收一潮（茬）菇后，均应根据袋子的失水情况进行补水，补水量以略低于装袋重量的10%为宜。

平菇菌丝生长阶段和子实体发育阶段，对培养料含水量和空气湿度的要求是不同的。菌丝生长阶段要求较干燥的空气，空气相对湿度应保持在70%以下。子实体发育期，菌丝代谢活动增强，需水量增加，空气的相对湿度应保持在85%～90%。空气相对湿度低于45%，子实体不分化，即使已分化也会枯死；低于60%，子实体发育迟缓甚至萎缩死亡；低于70%生长受抑制，不易形成子实体；超过95%，会影响子实体表面水分的正常蒸腾作用，子实体生长受抑制，菇体小、菌柄长，严重时还会造成子实体腐烂及感染病虫害，降低质量与产量。因此，合适的水分管理是平菇高产稳产的关键。

4. 温　度

温度是影响平菇生长发育的重要条件之一，通过调节温度可以控制菌丝生长和子实体发育。平菇在孢子形成、菌丝生长及子实体形成和生长等各个时期对温度的要求是不同的，孢子在13℃～28℃条件下萌发，以24℃～28℃为最适。菌丝的生长温度为5℃～35℃，最适生长温度25℃左右，3℃以下和35℃以上生长极为缓慢，超过40℃菌丝就会死亡。平菇菌丝耐寒力较强，在-30℃下也不会死亡，气温回升后菌丝即可恢复正常生长。子实体的形成和生长温度为5℃～30℃，最适温度为10℃～22℃，在子实体生长的适温范围内，温度低时子实体生长缓慢，但菇质

肥厚；温度高时子实体生长快，但菇质薄。子实体颜色深浅也受温度影响，气温低时颜色深，气温高时颜色浅。平菇属于变温结实性菇类，昼夜温差大有利于子实体的形成。昼夜温差8℃～10℃，有利于子实体的形成与发育，恒温条件下子实体难以发生。子实体形成的温度比菌丝生长的温度要求低，一般生产中常用的平菇品种子实体形成温度为5℃～28℃，最适温度为10℃～20℃；子实体生长温度为7℃～28℃，以10℃～22℃为最适。

5. 空　气

平菇是好气性真菌，生长过程中不断吸入氧气、排出二氧化碳，所以新鲜空气是其生长发育的重要条件。平菇菌丝生长阶段对空气要求不十分严格，一定浓度的二氧化碳对菌丝生长有利，但浓度过高会影响菌丝正常生长，因此在菌丝体生长阶段要适当通气。子实体形成阶段要求有足够的新鲜空气，以满足子实体形成及发育对氧气的需求。如果空气不流通、二氧化碳浓度过高，子实体往往形成菌柄长、菌盖小的高脚菇、菜花菇或珊瑚状等畸形菇，甚至死亡。需要注意的是在通风换气时，不要让风直接吹在子实体上，否则对子实体的生长不利。

6. 光　照

平菇不同生长发育期要求的光照不同，菌丝生长阶段不需要光照，光照对菌丝生长有抑制作用。因此，生产中在菌丝生长阶段，培养室要尽量避免光照，以促使菌丝健壮生长。在平菇原基分化和子实体生长发育期间，则需要散射光照射。一定强度的散射光照射是诱导平菇原基分化的重要因素。在子实体生长发育期间，有适度的散射光线，子实体发育正常，菌肉肥厚、色泽自然、产量高；在黑暗条件下长成的平菇，柄细、盖小、畸形。但光照过强，尤其是直射光照射同样会抑制子实体生长。

7. 酸 碱 度

平菇和大多数木腐菌一样喜欢偏酸性的培养料，pH值在3～7之间均能生长，但以pH值为5～6时菌丝生长最好。在菌丝

生长过程中，由于代谢作用，会使培养料的 pH 值逐渐下降，因此在配制培养料时一般将培养料 pH 值调至稍偏碱为好，通常在培养料中加入 3% 的石灰，既可防止杂菌污染，也可中和由于菌丝代谢作用产生的有机酸，避免培养料 pH 值下降而影响菌丝的生长。

测定培养料中 pH 值的简易方法：液体培养基 pH 值可用广泛试纸直接测定。固体培养料，先加水将料拌匀，再用力挤出料中所有水分，然后用广泛试纸测定。较干的料可加适量中性水，搅拌后过滤出澄清液，再用广泛试纸蘸其澄清液测定。实验室可用 pH 计进行较精确测定。

8. 矿质元素及生长因子

矿质元素是平菇生长发育所不可缺少的营养物质，主要功能是构成细胞成分、参与酶的活动、调节细胞渗透压等。在矿质元素中，钙、镁、钾、磷、硫等元素需要量较大，称为大量元素，可通过在培养料中加入磷酸二氢钾、硫酸镁、石膏等来满足。此外，还需铁、钴、锰、锌、钼、硼等微量元素，这些元素有的构成酶的组分、使酶具有最大活性，有的起维持细胞结构稳定性的作用，有的维持细胞的渗透压平衡或有利于物质运输。在培养基的配制中常添加的无机盐有磷酸氢二钾、磷酸二氢钾、石膏（硫酸钙）、硫酸镁、过磷酸钙、碳酸钙等，水中和农副产品中常含有一定量的微量元素，配制培养基时通常不需另行添加。

生长因子又称生长素，指一些生物生长代谢必需而自身又不能合成的少量有机物，如维生素、氨基酸、嘌呤和嘧啶等。虽然这些物质的需求量很小，但对平菇生长却有很重要的作用，合理利用可促进平菇菌丝生长，达到提早出菇、增加产量目的。维生素可刺激和调节平菇的生长，达到提早出菇、增加产量的目的。维生素可以刺激和调节平菇生长，缺乏时不能生长或生长不良。目前，用于培养食用菌的维生素主要是维生素 B_1（硫胺素），对平菇碳代谢的顺利进行有重要作用。米糠和麦麸中含有大量维生

素 B_1，在通常的木屑、棉籽壳等培养料中添加米糠、麦麸之类的辅料，即可提供维生素 B_1，因此一般不必单独添加。维生素 B_1 不耐热，在 120℃以上容易分解。

第二章
平菇常见栽培品种

一、平菇的品种类型及栽培季节

根据出菇温度范围的不同，将平菇划分为低温型、中温型、高温型和广温型。低温型品种是目前广泛栽培的菇类，菌盖初期呈灰或黑灰色，随其长大渐变为浅灰或灰褐色。子实体分化温度为5℃～15℃，最适温度为8℃～13℃，适宜冬季栽培，品质优于其他品种，极受消费者欢迎。中温型品种菌盖颜色较浅，为灰白色或灰褐色，子实体分化最适温度为12℃～22℃，适宜早秋和早春栽培；高温型品种菌盖颜色浅灰色或白色，子实体的分化最适温度为20℃～30℃，适宜高温季节栽培，菌柄较长，品质一般；广温型品种菌盖颜色随温度变化而变化，温度高菌盖近白色。温度低菌盖灰色或灰褐色，温度越低，颜色越深；子实体分化的适宜温度为15℃～25℃，此类品种适应性较强，产量高，生产上应用较多。

平菇的播种日期是根据栽培品种的适温类型，结合当地气候特点来确定的。子实体生长温度为5℃～15℃，适宜冬季出菇，最佳播种日期为10～11月份；子实体生长温度为12℃～24℃，适宜早秋和早春出菇，播种季节为8～9月份，或2～3月份；子实体生长温度为20℃～30℃，适宜高温季节栽培，播种季节为4～5月份；平菇从出菇开始到采收结束为产菇时间，产菇时间

的长短受菌袋的大小、温度、水分等多种因素的影响，产菇时间长，采菇的潮数多，结束的晚。一般的采菇期温度高时为 40～60 天，温度低时为 60～80 天。

二、平菇常见栽培品种

目前，经过国家认定的平菇品种有金地平菇 2 号、金凤 2–1、黑平 –01、高平一号、中蔬 1 号、丰 5 等。金地平菇 2 号、金凤 2–1 品种的选育单位为四川省农业科学院土壤肥料研究所；黑平 –01、高平一号品种的选育单位为上海市农业科学院食用菌研究所；中蔬 1 号品种的选育单位为中国农业科学院农业资源与农业区划研究所；丰 5 品种的选育单位为山东省农业科学院土壤肥料研究所。

多年来由于我国食用菌菌种管理滞后，菌种供应者为了自身的商业利益，对品种随意冠名，导致平菇品种同种异名和同名异物的现象比较严重。目前生产上所用的平菇品种名称很多，各地区都有自己的当家品种和习惯用种，而且同一个品种的菌株在不同的地区会有不同的编号和名称。因此，建议广大种菇户选择平菇品种时，要根据当地气候特点和市场需求，到正规的菌种供应单位购买适宜的品种。我国平菇主产区常用栽培品种如下：

1. 河南省常用品种

（1）**推广 1 号**　出菇温度 8℃～25℃，子实体夏、秋季节呈白色；冬季灰白色，丛生，柄短。

（2）**白雪 1 号**　出菇温度 4℃～22℃，子实体洁白，丛生，短柄，品质优。

（3）**丰抗 90**　出菇温度 6℃～25℃，子实体白色，丛生，柄短，抗性强。

（4）**平杂 17**　出菇温度 8℃～28℃，子实体白色，丛生，柄短，转潮快。

（5）**庆丰 518** 出菇温度 4℃～26℃，子实体丛生，深灰，抗杂力强。

（6）**亚热 1 号** 出菇温度 15℃～35℃，子实体灰白，短柄。

（7）**高温 1 号** 出菇温度 15℃～35℃，子实体灰白，柄短。

（8）**黑平王** 出菇温度 5℃～26℃，黑色，柄短，叠生，产量高，抗逆性强。

（9）**江都 71** 出菇温度 4℃～26℃，叠生，浅灰，柄短、叠生，产量高，抗性强。

（10）**抗病 2 号** 出菇温度 5℃～28℃，黑色，柄短，叠生，产量高，抗性强。

2. 山东省常用品种

（1）**黑平 99** 出菇温度 6℃～32℃，子实体深灰黑色，丛生，形美、盖厚，产量高，抗杂。

（2）**科大杂优** 出菇温度 3℃～36℃，子实体灰黑色，短柄，菇形紧凑，韧性好，抗病性极强。

（3）**泰平 19** 出菇温度 8℃～34℃，子实体深灰色，丛生，柄短，肉厚，弹性好，抗病，抗杂，高产。

（4）**早秋 615** 出菇温度 2℃～33℃，子实体灰黑色，丛生，柄短，韧性好，出菇齐。抗杂能力强。头茬菇至尾茬菇均肉厚，产量高。

（5）**黑丰 90** 出菇温度 2℃～32℃，子实体深灰黑色，菇片整齐、形美，抗病，抗杂，高产。

（6）**高抗 1 号** 出菇温度 2℃～32℃，子实体浅白色，大朵丛生，柄短，株型紧凑，出菇集中，菇表面光滑、细嫩、弹性好。

（7）**农平 10 号** 出菇温度 2℃～28℃，子实体灰黑色，中低温品种，菇体丛生朵大，叶片整齐、肥厚，光泽好，口感好，朵形美观。

（8）**黑丰 268** 出菇温度 2℃～30℃，菇体乌黑，柄短，菇片大，肉质厚。最大特点是耐低温和二氧化碳，菇盖光滑无瘤

状。较少发生黄菇病和死菇现象。

(9) **锡平1号**　出菇温度4℃～33℃　子实体簇生紧凑，盖径10～12厘米。出菇环境温度15℃以上色泽为灰色，菇型偏小，柄偏长；环境温度13℃以下为灰褐色，菇型偏大，柄短。

3. 河北省常用品种

(1) **科大黑平**　出菇温度4℃～31℃，子实体深灰色，原基多，短柄大叶，转潮快，适宜早秋栽培。

(2) 2106　出菇温度5℃～30℃，子实体褐色至灰黑色，丛生、大朵，菌褶白且细密，抗杂性强，喜通风。

(3) **法引黑平**　出菇温度6℃～30℃，子实体乌黑光亮，大朵，盖大，菇体肥厚，出菇快。

(4) 2026　出菇温度2℃～30℃，子实体色灰黑色，中型密集，柄短，褶白且密，转潮快，抗病力较强。可用作小平菇用种。

(5) **双抗黑平**　出菇温度2℃～32℃，子实体灰色至深灰色，大朵，短柄，盖厚，出菇快，抗病，高产。

(6) 265　出菇温度3℃～30℃，子实体灰色至深灰色，光滑油亮，短柄，硬质菇，抗病能力强。

(7) **川杂**26　出菇温度2℃～30℃，子实体灰黑光亮，丛生、大朵，肉厚菇重，韧性极强，低氧不畸形。

(8) **九华**191　出菇温度1℃～30℃，子实体白色至深褐色，转潮快、产量高，适温广，与灰色种搭配收益好。

(9) **冀农**11　出菇温度3℃～35℃，子实体褐色至黑褐色，原基密集，柄长粗细适中，抗杂，是河北省姬菇基地的当家品种。

(10) **冀农**21　出菇温度3℃～28℃，子实体灰褐色，柄较粗，颜色白，纤维少，菇根损失少，用量逐年增加。

4. 江苏省常用品种

(1) **苏平1号**　出菇温度15℃～30℃，中高温型，菇型中等，朵数较多，菇柄硬实，长度中等，菇盖灰白色，是夏、秋季高温时主要的当家品种。

（2）**伏黑**　出菇温度10℃～32℃，中高温型，菇型中等，朵数较少，菇柄较短，菇盖黑灰色、喇叭状，是秋季高温时的黑色品种。

（3）**夏秀**（206）　出菇温度15℃～32℃，中高温型，菇型小巧，朵数偏多，菇柄细长脆嫩，菇盖茶褐色，是夏、秋季高温时的主要品种。

（4）**杂17-2**　出菇温度6℃～32℃，中低温型，菌盖浅褐色，菇柄短小，菌肉细嫩，转潮快。

（5）**杂交3号**　出菇温度6℃～30℃，广温型，菇柄短，菌肉肥厚，菇盖灰白色。

（6）**黑秀**　出菇温度5℃～28℃，中低温型，菌盖黑褐色或蓝黑色，菇柄长度中等，菌肉肥厚、细嫩，转潮快，是冬季低温期较受欢迎的小平菇。

（7）**小白菇**　出菇温度5℃～28℃，中低温型，菌盖白色，边缘呈波纹状，菇柄细小、脆嫩，味道香郁。

5. 湖北省常用品种

（1）**平高30**　出菇温度10℃～35℃，菇体颜色浅白，菌盖中等大小，抗杂，转潮快，产量高，中高温栽培良种，近几年栽培面积较大。

（2）**MI**　出菇温度10℃～36℃，菇体颜色浅白，菌盖大，优质，产量较高，耐高温，推广多年深受菇农信赖。

（3）**华平10号**　出菇温度4℃～28℃，菇体颜色灰白，菌盖大，扇形，肉厚，丛生，产量高，较好氧，适于秋冬季栽培。

（4）**复壮802**　出菇温度4℃～28℃，子实体颜色为灰白，盖大肉厚，柄短，菇形圆整美观，出菇后劲好，性能稳定。

（5）**华平9号**　出菇温度4℃～28℃，菇体颜色为灰白，菌盖大，产量较高，耐高温，推广多年深受菇农信赖。

（6）**短平**　出菇温度4℃～28℃，子实体颜色为灰白，盖大，肉厚，柄短，菇体圆整美观，产量较高，推广多年深受菇农喜爱。

（7）**华平特白** 出菇温度4℃～22℃，子实体颜色洁白，盖中等大，肉肥厚，柄短，韧性好，耐储运，菌盖颜色不随温度变化。

（8）**华平**963-1 出菇温度3℃～26℃，子实体深灰色，朵大，肉厚，柄较短，抗杂高产，适合多种培养料栽培。

6. 甘肃省常用品种

（1）P109 出菇温度5℃～35℃，菇体灰白色，菇形圆整，紧密，叶片叠生，柄短，出菇整齐，产量高，商品性好，适宜甘肃省不同地区适温季节栽培。

（2）P6 出菇温度5℃～35℃，菇体灰白色，菇质紧密，叶片叠生，出菇整齐，适应性强，产量高，商品性好，适宜甘肃省不同地区适温季节栽培。

（3）**钟山一号** 出菇温度5℃～35℃，菇体灰白色，菇质紧密，叶片叠生，朵大肉厚，柄短，出菇整齐，产量高，商品性好。

（4）**超级**99 出菇温度3℃～30℃，菇体黑色至深灰色，柄短肉厚，叶片叠生，韧性好，菇体大，菇质紧密，出菇整齐集中，产量高，商品性好，适宜春秋或高海拔地区栽培。

（5）**黑平**03 出菇温度3℃～30℃，子实体黑色至深灰色，朵型中等，叶片叠生，出菇整齐集中，适应性强，适宜春秋或高海拔地区栽培。

（6）**黑森一号** 出菇温度3℃～30℃，菇体黑色，朵大肉厚，叶片叠生，菇肉紧密，品质好，外观美丽，出菇整齐集中，适应性强。

7. 四川省平菇主产区的常用品种

（1）**杂优1号** 出菇温度10℃～28℃，中高温型，菌盖灰黑色至灰白色，颜色与温度有关，温度高于25℃时为灰白色，子实体丛生，菌盖厚，适宜鲜菇销售和加工盐渍菇。

（2）**黑牡丹**　出菇温度5℃～25℃，中低温型，子实体丛生，菌盖为灰黑色，适宜鲜菇销售和加工盐渍菇。

（3）**青平1号**　出菇温度8℃～22℃，子实体丛生，白色，短柄。

（4）**特白平菇**　出菇温度8℃～22℃，子实体丛生，白色菌盖直径5～15厘米，菌柄长1～2厘米。

（5）**川杯菇**　出菇温度10℃～20℃，中温型，子实体簇生，菌盖幼时为半球形，成熟后为喇叭状。商品菇为幼菇，成熟后品质下降，菌盖易破裂。

（6）**西德33**　出菇温度5℃～25℃，最适出菇温度12℃～15℃，中低温型，子实体丛生，菌盖初期为灰黑色至灰白色，扇形，姬菇品种。

三、平菇品种选择原则

平菇的栽培品种较多，根据子实体形成所需要的温度，可划分为高温型、中温型、低温型和广温型。在自然温度条件下，不同类型的品种，出菇的季节不相同，因此生产中选择平菇品种时要考虑如下因素。

1. 栽培季节与温型

选购菌种时，应首先考虑其温型与当地气候条件、栽培季节是否适合，温型适合的品种才能顺利出菇。秋季栽培时各种温度类型的品种几乎都可以；冬季栽培应种植耐低温的品种，在管理上还应配合人工或日光增温措施；春季栽培，由于出菇阶段气温由低向高上升快、少雨，所以不能采用低温型品种，否则往往仅收1～2潮菇，可根据栽培时间的先后，分别选用耐高温的中温和中高温型品种。

2. 抗 逆 性

用生料栽培平菇，选用抗逆性强的菌种尤其重要。抗逆性强、生长快的菌种，是早熟高产的前提。如果由于某种原因，不得已而选用抗逆性一般的菌种，应改用发酵料或熟料栽培，或者适当加大播种量，以多取胜，确保丰收。

3. 子实体色泽

平菇子实体有白色、灰白色、灰色、灰褐色、灰黑色等多种颜色。有的人喜好白色平菇，有的人喜时深色平菇，而且内销和外销也各有喜好，因此生产中应根据市场需求选择品种。

第三章
平菇菌种生产技术

一、平菇菌种分级及类型

1. 平菇菌种分级

平菇菌种实行母种、原种、栽培种的三级繁育程序，按照《食用菌菌种管理办法》和 NY / T 528 食用菌菌种生产技术规程的规定，栽培种只能作为栽培的接种物，不可再行扩大繁殖。

（1）**母种** 即一级种。以经过规范育种程序培育出的，具有特异性、一致性和稳定性，经鉴定为种性优良的纯培养物作为种源，接种在试管斜面培养基上，扩大繁殖后得到的纯菌丝体称为母种，也有人称为试管种。母种常使用半合成培养基，以琼脂作凝固剂。纯菌丝体在试管斜面上再次扩大繁殖后，则成为再生母种，供应生产用的母种实际上都是再生母种。母种扩大繁殖 1 次称为增加 1 代，在制种户手上，一般仅扩大繁殖 1 次，即增加 1 代。母种既适于繁殖原种，又适于纯种保藏。

（2）**原种** 即二级种。由母种转接到木屑或棉籽壳上等天然基质（培养基）上经培养而成的菌种。是菌丝体和天然基质的混合体。多以专用蘑菇瓶、罐头瓶、输液瓶、小规格丙烯袋为容器。1 支试管母种可扩繁 6～8 瓶。

（3）**栽培种** 即三级种。由原种转接在天然基质上扩大繁殖而成的菌种。栽培种也是菌丝体和天然基质的混合体。栽培种常

作为栽培用菌种，或直接出菇。也有人称为生产用种。通常是用较大规格的耐高温塑料袋或玻璃瓶做容器，同样以木屑或棉籽壳等培养基进行培养。

2. 平菇菌种类型

（1）按照物理性质化分 根据菌种的物理状态分为固体菌种和液体菌种两种类型。

①固体菌种 生长在固体培养基上的菌种称为固体菌种，目前我国食用菌生产使用的各级商品菌种都是固体菌种，如以试管为容器的斜面一级种、以菌种瓶或聚丙烯塑料袋装的原种或栽培种。

②液体菌种 生长在液体培养基上的菌种称为液体菌种。目前，我国在平菇生产上液体菌种生产技术还不够成熟，特别是缺乏质量检验技术和方法，应用在农业式的分散栽培中存在很多风险因素。液体菌种应用较多的是发酵菌丝体提取功能成分。

（2）按培养料性质划分 原种与栽培种的种型通常是按菌种所使用的基质材料划分的。常用的菌种类型有谷粒种、木屑种、草料种、粪草种和木塞种5类。

①谷粒种 以小麦、大麦、燕麦、谷子、玉米、高粱等禾谷类作物种子为培养基。特点是培养料利用率高，节约用种量，播种后萌发快，利于提高产量。谷类种几乎适于作为各种食用菌的原种，适宜作平菇原种使用，但不适于作生料或发酵料栽培的平菇栽培种。

②木屑种 以阔叶树木屑为主料，配以麦麸、米糠等辅料为培养基，适用于平菇原种和栽培种。

③草料种 以作物秸秆、皮壳为主料，适量加入麦麸或米糠等辅料为培养基，适用于平菇原种和栽培种。

④粪草种 以发酵过的堆肥为原料，堆肥中有一定量的氮肥。平菇原种和栽培种一般不用此类培养基。粪草培养基适于双孢蘑菇、大肥菇、巴西蘑菇（鸡松茸）的栽培种。

⑤木塞种　以木塞颗粒为主料，配以一定量的木屑填充物为培养基，由于平菇菌种用量较大，一般不用此类菌种。此类菌种适合作段木栽培香菇、木耳的栽培种，也适合于茯苓、猪苓、蜜环菌等。

二、生产菌种的培养基、容器和培养设备

1. 培 养 基

培养基是用人工方法配制的各种基质，供给食用菌生长繁殖所需的营养物质。食用菌的培养基分为 3 种类型，即母种培养基、原种培养基和栽培种培养基。食用菌菌种制备过程中，从母种到原种再到栽培种，各个阶段的要求不同，所选用的培养基应有所区别。菌种的培养基与菇类生产时栽培料的配方在碳源、氮源、其他养分的配比及酸碱度等方面的要求是相同的，只是考虑到从母种到原种再到栽培种，各个阶段的目的要求不同，在物料选择上略有差别。一般母种菌丝较嫩弱，分解养分能力差，要求营养丰富、安全，氮素和维生素的含量应高，需选用易于被菌丝吸收利用的物质，而且制作数量较少，为了操作方便和利于观察，一般使用葡萄糖、蔗糖、马铃薯、酵母膏、蛋白胨、矿物质及生长素等原料作为培养基。而原种和栽培种所需培养基数量较多，而且菌丝分解养分能力强，便于培养和繁殖，为了降低生产成本可使用普通栽培主料如棉籽壳、玉米芯、木屑等，配以较高比例的栽培辅料如麦麸、米糠等。单独的粮食子粒，如麦粒、玉米粒、谷粒可直接用于原种、栽培种制备。

2. 容　器

（1）生产母种的容器　1.8 厘米 × 18 厘米或 2 厘米 × 20 厘米的试管。

（2）生产原种的容器　① 650～750 毫升耐 126℃高温的无色或近无色玻璃菌种瓶，850 毫升耐 126℃高温的白色半透明符

合 GB 9688 卫生规定的塑料菌种瓶。其特点是瓶口大小适宜，利于通气又不易被污染。② 15 厘米× 28 厘米× 0.05 毫米耐 126℃高温，符合 GB 9688 卫生规定的折角聚丙烯塑料袋，其优点是生产成本低、袋口大装料容易；缺点是易被尖锐物扎破形成沙眼甚至小洞，导致菌种污染。

（3）**生产栽培种的容器**　除可以使用符合原种生产规定的容器外，还可使用≤ 17 厘米× 35 厘米耐 126℃高温、符合 GB 9688 卫生规定的聚丙烯塑料袋。

3. 培养设备

（1）**恒温培养箱**　供母种和少量原种培养用。

（2）**培养室**　培养室用于原种、栽培种和栽培袋发菌培养。培养室面积依使用目的而定，室内必须清洁干燥，通风良好。培养室需配置升温和降温的设施，如空调、蒸汽管道、电加热器等，同时保温性能良好。还应配制培养架，培养架宽 70～80 厘米，长度适宜。层间距 50 厘米，一般 4～5 层，最低层离地面 15 厘米，顶层离屋顶不得低于 120 厘米。床架不宜太宽太高，否则操作不方便，而且摆放在中间和顶层的菌种散热差，易引起高温烧菌和杂菌污染。培养室的门窗应安装纱门纱窗，严防老鼠和害虫进入危害，窗户还应安装百叶窗或窗帘遮光。

三、菌种生产中的无菌操作

各级食用菌菌种都是纯培养物，所谓纯培养物就是在基质上只有人工接种的生物，只有通过无菌操作才能达到纯培养状态。在食用菌菌种生产中，达到各级菌种的纯培养需要以下 4 个环节的保证：①培养基的无菌。②纯培养物作接种物（菌种）。③接种的无菌操作。④环境洁净，保证容器内培养物不受外来微生物侵染。这 4 个环节中接种物（菌种）和接种两个环节必须是无菌操作，培养基的无菌则是必须通过灭菌达到，培养期间则需要消

毒创造洁净的环境条件。

1. 灭菌与消毒

灭菌和消毒是两个不同的概念，其目的不同，处理方法和适用的对象也不同。灭菌是用物理或化学的方法杀死或除去物品上或环境中所有微生物的方法。消毒是用物理或化学方法杀死物体表面上或环境中侵染性微生物的方法，因此消毒实际上是部分消毒，不能使被消毒物品达到无菌状态。在食用菌生产中灭菌的应用对象是直接接触菌种的物品，如培养基、接种钩等。消毒的对象是不直接接触菌种的各类操作空间，如超净工作台、接种箱和培养室等，使其尽可能的洁净和接近无菌状态。灭菌的方法主要是高温，消毒的方法主要是使用消毒剂和杀菌剂对环境或物品进行喷洒、熏蒸、浸泡和擦拭。

（1）常用的灭菌方法 在食用菌生产中，几乎全部使用高温进行灭菌，常用的高温灭菌有干热灭菌、火焰灼烧灭菌、高压蒸汽灭菌和常压蒸汽灭菌。①干热灭菌是用干热空气（170℃）杀死微生物的方法，常在烘箱中进行。灭菌的对象主要是玻璃器皿等，培养基、橡胶制品、塑料制品等不适于干热灭菌法灭菌。②火焰灼烧灭菌是用火焰直接灼烧需要灭菌的器皿部位，利用高温将附着在上面的微生物杀死，此法灭菌彻底、迅速，适用于接种操作中接种工具、试管口和瓶口的灭菌。常用的火源有酒精灯、煤气灯、沼气灯等。③高压蒸汽灭菌是采用压力容器高压灭菌锅，工作原理是利用蒸汽的穿透能力，在一定的压力和温度条件下，使被灭菌物品温度升高，从而达到灭菌效果。④常压灭菌是采用自制土蒸锅进行食用菌栽培种的常压蒸汽灭菌。这类灭菌容器不需要完全封闭，投资小，一些小型菌种场多采用此方法。

（2）常用的消毒方法 常用的消毒方法主要有紫外线照射消毒、化学消毒、低温消毒等。①紫外线照射消毒是利用波长 200～300 毫米的紫外线的杀菌作用，对空气或物体表面进行消毒，其有效作用距离为 1.5～2 米，以 1.2 米以内为最好。一般安装在

无菌室、接种箱和接种操作台上，照射 20～30 分钟空气中 95% 的细菌就会被杀死。②化学消毒是利用化学药品杀死微生物，不同的消毒对象可以选用相应的化学试剂消毒。工作台面、用具、手常采用 75% 酒精和 0.25% 新洁尔灭等化学试剂擦拭进行表面消毒；无菌操作空间常用2%煤酚皂（来苏儿）、石炭酸（苯酚）、气雾消毒盒等消毒。③低温消毒即巴氏消毒，一般在 60℃～70℃条件下处理 0.5～24 小时，多数危害食用菌菌种的真菌即可死亡，从而达到预防污染的目的。低温消毒多用于栽培种的处理。

2. 菌种生产中的无菌操作

无菌操作是食用菌菌种生产的基本操作，包括接种前的准备工作和接种操作。

（1）接种前的准备 ①检查接种用具是否准备齐全，摆放位置是否合理，是否便于操作。接种工具包括接种针、接种钩、接种刀、接种勺、接种铲及镊子。②无菌操作前要对无菌室先行清洁消毒，包括地面和墙体内壁清洁、空气消毒、操作台面表面消毒。③对无菌室进行消毒处理后，再摆放接种物和被接种物。④全面对空间、台面、接种物和被接种物的表面消毒，常用的消毒方法有紫外灯照射、气雾消毒盒熏蒸等。⑤操作人员彻底清洗手和手指，进入无菌室后再用 75% 酒精对手和手指进行表面消毒。

（2）接种操作 ①直接接触接种物和被接种物的接种工具保持绝对无菌。②动作轻盈快捷，尽量减少接种物和被接种物在空气中的暴露时间。③尽量减少空气振动和流动，一气呵成无中断，操作期间无人员出入。

3. 接种工具与接种场所

（1）接种工具 常用的接种工具有接种针、接种钩、接种刀、接种勺、接种铲、镊子等，接种工具、试管口、棉塞等用酒精灯火焰消毒，双手、菌种管（瓶）口等用酒精棉擦拭。

（2）接种场所

①接种箱 又叫无菌箱，是供菌种分离、移接的专用操作

箱。接种箱一般为木质结构，镶嵌玻璃，封闭严密，熏蒸消毒灭菌处理后成为无菌环境。特点是制作简单、便于移动，消毒灭菌方便、气温高时人在外面操作不会感到闷热。接种箱放置的房间要邻近灭菌室，房间要宽敞明亮，经常保持干净，不要与其他操作间混用。一般农村制菌种户都乐于采用。

②超净工作台　是无菌操作的一种高档设备，与接种箱比较，具有工作条件好、操作方便、效率高、无菌效果好、无消毒药剂对人体危害等优点。但价格较高，需消耗电能，必须安装于洁净密闭的房间内。

③接种室　又叫无菌室，分内、外两间，里间为接种间，外间为缓冲间，要求房间密封性好。一般接种间的面积为 6～10 米^2，缓冲间面积为 2～10 米^2，房间高 2.5 米左右。接种室应设置推拉门，以减少空气的振动。接种室具有接种量大、操作方便的优点。接种室也可由现成的房间改造而成。

④接种帐　一般用钢筋焊接成支架，围以塑料薄膜，外形似蚊帐，面积 4 米^2，高 2 米。使用接种帐，要求房间干净，避免空气流动。内部设施和使用方法，类似于接种室。

⑤开放场所　选择空旷、清洁、干燥、通风的场地作为接种场所。优点是操作简便，不需配制特殊设备。

（3）接种场消毒

①甲醛熏蒸　将 40% 甲醛溶液放入一容器内，通过加热使甲醛气体挥发消毒，每立方米空间用量 8～10 克。也可每立方米空间用 40% 甲醛 8～10 克与高锰酸钾 4～5 克混合，利用化学反应产生的热量使其挥发消毒。

②紫外线照射法　紫外线照射 20～30 分钟，空气中 95% 的细菌会被杀死。其有效作用距离为 1.5～2 米，以 1.2 米以内为最好。紫外线无穿透能力，若物品堆积过多、过密，将影响消毒效果。

③烟剂熏蒸　采用食用菌专用烟剂二氯异氰尿酸钠熏蒸，用

量为每立方米空间4～8克。

④臭氧发生器 臭氧杀菌具有高效彻底、高洁净性和无二次污染等优点，可采用臭氧发生器消毒。

⑤喷施消毒剂 常用2%来苏儿、0.25%新洁尔灭、2%过氧乙酸、0.1%克霉灵（仲丁胺）等溶液喷雾，主要用于开放场地以及盛装器皿消毒。

（4）接种箱无菌接种操作规程 ①接种箱应放置在干燥清洁的房间内进行接种操作，操作时关闭窗户，使室内无对流空气。②将接种瓶（袋）和接种用具放入接种箱内，接种前按每立方米空间用食用菌专用烟剂4～8克，点燃密闭熏蒸30分钟，再打开臭氧发生器20～30分钟，进行灭菌消毒，然后开始接种。③接种人员的双手、接种工具和菌种管、瓶、袋的外壁均需用75%酒精棉球擦拭灭菌。④接种时掉落的菌块或打碎的有菌容器，要用酒精棉球擦拭干净后才能继续工作。接种时要注意安全，若棉塞着火，应立即用手紧捏熄灭。⑤接种完毕后，接种物与用具全部搬出，然后用75%酒精擦拭箱内各个部位及接种用具，并打开臭氧灯或紫外线灯20分钟，使其保持清洁干燥。

（5）接种室无菌接种操作规程 ①接种前1天，先在接种室空间喷少量的清水降尘，将已灭菌的培养基、所需器材、用具及工作衣帽等放入接种室，关闭门窗，然后用食用菌专用烟雾剂熏蒸灭菌。②接种当天，开臭氧灯30～40分钟再次灭菌，或用食用菌专用烟剂熏蒸20～30分钟灭菌。③接种操作时，动作力求迅速、轻巧，尽量减少污染的机会。用过的火柴杆、棉球、废物应放入容器内，不得丢在地上。其他要求与接种箱操作规程相同。④接种完毕，把器具搬出，将桌面收拾干净，用杀菌药液擦净台面及地面。

（6）超净工作台无菌接种操作规程 ①将接种瓶（袋）和接种用具放入已消毒的接种室内，再打开紫外线灯或臭氧灯20～30分钟杀菌。②启动电源，机器正常运转30分钟后，操作区

空气净化完成即可进行接种。③工作人员穿无菌工作服，戴好口罩和帽子。④接种用具放在台面两侧或下风侧，操作人员的手置于接种材料的下风侧。⑤工作时严禁搔头、快步走动、推拉门等散发灰尘量大的动作。⑥接种操作时，动作力求迅速、轻巧，尽量减少污染的机会。用过的火柴杆、棉球、废物应入容器内，不得丢在地上。⑦接种完毕，把器具搬出，将桌面收拾干净，用杀菌药液擦净台面及地面。

四、平菇一级菌种（母种）制备

1. 平菇菌种的分离

（1）种菇的挑选　用作组织分离或孢子分离的平菇种菇，必须在抗逆性强的高产群体中挑选出菇早、菇形圆整、柄短、肉厚、大小适中、无病虫危害，五六成熟（内菌膜部分破裂）的菇体作为种菇。由于第一潮、第二潮菇较能体现早熟性状，而且菌棒养分充足、菇体健壮，用其作孢子分离或组织分离，易得到具有本品种（菌株）特征的菌丝体纯培养物（菌种）。所以，应在第一潮、第二潮菇中挑选种菇。

（2）组织分离步骤　平菇可采用组织分离法获得菌种。主要步骤如下：

第一步，挑选出菇早、菇形圆整、肉厚、大小适中、无病虫危害、五六成熟（内菌膜部分破裂）的菇体作为种菇，采收后装入无菌纸袋内（忌用塑料袋）。

第二步，在无菌条件下，先用酒精棉球对菇体进行表面消毒，然后手持菌柄将菇体撕成两半，取手术刀并用火焰灭菌，待刀冷却后在菌盖、菌柄交界处挑取米粒般大小的菌肉1块，移植到事先配制并经过灭菌的马铃薯琼脂培养基斜面上培养。

第三步，在温度25℃、干燥、避光的条件下培养3～5天，可看到分离物表面长出白色茸毛状菌丝，呈星芒状在培养基上生长。培养期间，应每隔 1～2 天检查 1 次，随时淘汰霉菌或细菌污染的培养物。培养 10～15 天后，再做 1 次转管培养，即可得到平菇母种。然后经栽培试验，确认其可以正常出菇后方可用于菌种生产和栽培。

组织分离物获得的菌种不能直接作为生产用种，这是因为生产用种会数以千万倍地繁殖，而分离物未经过群体一致性的检验和种性检验。即使其亲本是优良品种，但这个分离物自身是否完全保留了亲本的优良性状，在未做全面检验和测试之前，仍是一无所知的。目前，对食用菌菌种的某些生产性状虽可进行室内的初步鉴定，但是，作为生产上应用种源，完全靠实验室内的实验技术进行鉴定和测试还是远远不够的，还应对于未知性状的培养物做出菇试验。组织分离物栽培中将会有何种表现，在做出菇试验前，从理论上预测其与亲本的差异不会很大。从数学概率论上分析，组织分离物的综合性状和质量水平会有 3 种情况：一是与亲本相近，但不会完全相同；二是优于亲本；三是劣于亲本。从生产实践中认识到，组织分离的培养物需要有较大的数量作基础，才可能获得优于亲本的个体。如果只是随手做 1～2 个或几个组织分离，虽然可获得菌种，但是做出菇试验的结果多表现性状不及亲本。基于上述原因，组织分离得到的培养物，未经全面鉴定和测试，不能作为生产用菌种投入使用。

2. 母种常用培养基

（1）**马铃薯琼脂培养基（PDA 培养基）** 马铃薯（去皮）200 克，葡萄糖（或蔗糖）20 克，琼脂 20 克，水 1 000 毫升。

（2）**马铃薯琼脂综合培养基** 马铃薯（去皮）200 克，葡萄糖 20 克，磷酸二氢钾 3 克，硫酸镁 1.5 克，维生素 B_1 10～20 毫克，琼脂 20 克，水 1 000 毫升。

（3）**葡萄糖蛋白胨琼脂培养基** 葡萄糖 20 克，蛋白胨 20 克，琼脂 20 克，水 1 000 毫升。

（4）**蛋白胨、酵母、葡萄糖琼脂培养基** 蛋白胨 2 克，酵母膏 2 克，硫酸镁 0.5 克，磷酸二氢钾 0.5 克，磷酸氢二钾 1 克，葡萄糖 20 克，维生素 B_1 20 毫克，琼脂 20 克，水 1 000 毫升。

3. 母种培养基的制作

以马铃薯琼脂培养基为例，按照以下操作步骤制作母种培养基。

（1）计算 选好培养基配方，按需用培养基的数量计算好各种原料的用量。

（2）称量 准确称量配制培养基的各种原料。

（3）配料 先制取马铃薯煮汁，方法是将马铃薯洗净、去皮、切成薄片（切后立即放水中，否则马铃薯易氧化变黑）。称取马铃薯片 200 克放在锅中，加水 1 000 毫升，加热煮沸 15～30 分钟，至薯片酥而不烂为止。用 4 层纱布过滤，取其滤液，加水补足 1 000 毫升，即为马铃薯煮汁。然后在煮汁中加入琼脂进行加热，用玻璃棒不断搅拌至琼脂全部液化后，再加入葡萄糖（或蔗糖）和其他原料，边煮边搅拌，直至全部融化。生产中要注意防止烧焦或溢出。烧焦的培养基营养物质被破坏，而且容易产生一些有害物质，不宜使用。

（4）调整酸碱度 一般用 10% 盐酸和 10% 氢氧化钠溶液调整 pH 值，使其达到最适宜值。调整时要小心，几滴几滴地加碱或加酸，不要调得过碱或过酸，以免某些营养成分被破坏。天然培养基，酸碱度可不做调整。

（5）分装 培养基配好后，趁热将其分装入试管内，装量占管长的 1/5～1/4 为宜，装管时勿使试管口沾上培养基，若沾上需用纱布擦去，以防杂菌在管口生长。

（6）塞棉塞 分装后，管口塞好棉塞，棉塞塞入管内的部分约为棉塞总长的 2/3，而管外部分不短于 1 厘米，以便于无菌操作时用手拔取。

（7）灭菌与摆斜面 试管包扎好后，放入铁丝筐中。将铁丝筐竖直放入高压蒸气灭菌锅内灭菌。在 103.46 千帕压力（1.05

千克/厘米^2）条件下灭菌30～60分钟。灭菌时间与培养基原料有关。灭菌后取出，摆放斜面。摆斜面时桌上放一木棒，将试管倾斜逐支摆放或成束摆放，斜面长度为试管总长度的1/2～2/3，冷却凝固后即成斜面培养基。

用于制作棉塞的棉花应选用梳棉，不能用脱脂棉，也不宜用化纤棉。棉塞的作用有两点，一是过滤杂菌；二是通气，为菌丝生长提供氧气。棉塞的松紧度应适当，太紧则通气性不好，菌丝生长得不到充足的氧气，太松则起不到过滤杂菌的作用。棉塞的制作方法是：取适量棉花撕垫成中间厚、周边薄圆面包形绒片，放在左手食指与拇指圈成的圆环上，用右手食指往下顶压，使之成为钟形或彗尾形，尾端棉絮毛茬状。塞入管口时，将毛茬折转贴在棉柱上。

根据NY/T528《食用菌菌种生产技术规程》的要求，生产母种的容器应选用1.8厘米×18厘米或2厘米×20厘米的玻璃试管，培养基的分装量掌握在试管长度的1/5～1/4，灭菌后摆放成的斜面顶端距棉塞4～5毫米，这一斜面长度兼顾了菌种量和避免污染两方面的需要。若分装量太少，斜面短，菌种量少；若分装量太多，排斜面时易使培养基沾到棉花塞上，引起棉花塞污染杂菌。

4. 培养基灭菌

母种培养基采用高压蒸汽灭菌。具体操作如下：

第一步，检查各部件完好情况，如安全阀、排气阀是否失灵，是否被异物堵塞，以防操作过程中发生故障和意外事故。

第二步，向灭菌锅内加水至水位标记高度，如水过少，易烧干造成事故。

第三步，将待灭菌的栽培料袋、料瓶或其他物品等分层次整齐地排列在锅内，注意留有适当空隙，便于蒸汽的流通，以提高灭菌效果。

第四步，盖上锅盖，两对角同时均匀拧紧锅盖上的螺栓，以

防漏气。

第五步，关闭放气阀门，开始加热。当锅内压力上升至49.04千帕（0.5千克/厘米^2），打开放气阀，排尽锅内冷空气，使压力降至0处，再关上放气阀。为了放尽冷气还可以再升至0.5千克/厘米^2，然后再放冷气使压力降至“0”。这是因为如果冷空气未放净，即使锅内达到一定压力，温度仍达不到应有的程度，就会影响灭菌效果。

第六步，继续加热，当锅内压力升至103.46千帕（1.05千克/厘米^2）时，对应的温度为121℃，即为灭菌的开始时间，这时应调节热源，保持所需要的压力，棉籽壳栽培料经1～2.5小时、液体培养基经0.5～1小时，即可达到彻底灭菌。在压力维持期间，应注意若压力在加热时突然下降，则表明锅内已无水，应停止加热。

第七步，关闭热源，待压力自然下降或用放气阀放至“0”时，打开锅盖，取出灭菌物品。

第八步，灭菌效果检查，若为斜面培养基，可直接抽取几支放到30℃的恒温培养箱内；若为各类栽培料，可自料袋内部随机挑取一点放到试管斜面培养基上，置于30℃恒温培养箱内，培养2～3天后若无杂菌生长，便是灭菌彻底。如果灭菌不彻底，下次再灭菌时要延长时间和增加冷汽排放次数。

母种培养基灭菌结束后，如果马上摆放斜面，由于培养基温度高，冷凝中形成的大量水蒸气，凝固后在斜面上会出现较多的冷凝水，冷凝水太多，既影响菌种生长，又容易污染细菌或霉菌。为了减少斜面上的冷凝水，应在灭菌结束后微开锅盖，让培养基慢慢冷却到70℃左右时取出摆放，摆放后再覆盖一层棉被保温。

5. 母种接种

接种母种就是将上一代母种移接至新试管培养基的过程，亦称为转管，或斜面接种。接种前必须对接种室或接种箱进行消

毒，以保证无菌条件下进行严格的无菌操作，同时准备好接种工具。具体操作步骤如下：

第一步，用75%酒精棉球涂擦操作人员双手和菌种试管外壁，以及接针钩或接种针。

第二步，点燃酒精灯，用火焰消毒接种钩、接种针和上一代试管口端部分。消毒试管口端时，先用火焰烤棉塞至微黄，然后取下棉塞，重点灼烧管口，稍冷后复堵上棉塞。经消毒的试管种管、接种针等工具放在支架冷却，注意端起部分勿再粘挨杂物。

第三步，左手食指中指并拢在下面托住种管和1支新斜面管，大拇指在上面扶持，使管口端仍处于火焰周围的无菌区。右手拔掉种管棉塞，放到一边。用接种钩耙掉种管表面气生菌丝和老菌皮，切除琼脂斜面端起薄层失水干燥的部分。然后，轻轻割断并挑起一块菌种块，迅速将接种钩抽出试管。注意不要使接种钩碰到管壁。

第四步，右手小指拔下新管棉塞后，迅速将接种钩伸进另一支斜面培养基试管，将挑取的菌丝放在斜面培养基的中央。注意不要把培养基划破，也不要使菌种沾在管壁上。

第五步，抽出接种钩，烧灼管口，并在火焰旁将棉塞塞上。塞棉塞时，不要用试管去迎接棉塞，以免试管在移动时进入不洁空气。

第六步，接种钩复插入种管内，借接种钩柄的力量挑起种管。左手趁势放下接好种的试管，再拿起1支新的斜面培养基试管。挑起的试管由左手托起，再挑种块，再放种，如此循环往复。

第七步，在接菌种的斜面试管上贴上标签，注明菌名、接种日期等。

一般1支母种试管可转接30～40支试管。接种完毕，用纸包扎试管上部，10支或5支1捆，放入25℃培养箱内或自然温度条件下培养，并进行无菌检查。经7～14天菌丝即可爬满斜面。

6. 菌丝培养

母种接种后，应立即移到菌种培养室培养或恒温箱内培养。培养室的温度一般控制在24℃左右，空气相对湿度不超过70%，要求空气新鲜、避光。接种后母种垂直放在小筐内培养，可避免培养过程中凝结的水蒸气溢流到斜面上。如果平放，应将管口前端稍微垫高，并使斜面朝下。正常情况下，母种接种后，即以种块为生长点向四周呈辐射状蔓延。培养3～4天后，要逐管检查杂菌污染情况，确保母种纯度。若斜面上出现黏稠状物，大都是培养基灭菌不彻底造成的细菌污染。斜面上出现分散性菌落，则多为菌种带菌所致。在适温条件下，母种培养7～10天菌丝即可长满斜面。暂时不用的母种，应在母种尚未长满之前，及时移入冰箱冷藏室保存。保藏的母种棉塞头要朝外，用报纸包扎好或盖好，以防冰箱冷凝水弄潮棉塞。母种要贴上标签，防止品种混杂。母种培养期间，若通气不良、氧气不足，菌丝容易老化、发黄，因此培养大量的母种时不宜放在通风不良的恒温箱内培养。

五、平菇二级菌种（原种）制备

1. 原种培养基常用原料与配方

（1）常用原料 原种培养基常用原料有木屑、棉籽壳、小麦、谷子、米糠、麸皮、碳酸钙、石膏和石灰。石膏分为生石膏和熟石膏，后者是前者煅烧而成的，两者均可使用。石灰分为生石灰（氧化钙）和熟石灰（氢氧化钙）两种，一般多用熟石灰，作为碱性物质，提高培养料的pH值。

（2）常用配方 ①木屑、麸皮培养基：木屑78%，麸皮（米糠）20%，石膏1%，石灰1%～3%（高温季节加量），含水量60%～65%。②棉籽壳、麸皮培养基：棉籽壳90%，麸皮（米糠）6%～8%，石膏1%，石灰1%～3%（高温季节加量），含水量60%～65%。③玉米芯麸皮培养基：玉米芯50%，豆秸粉

（花生皮粉）31%，麸皮 10%，玉米粉 5%，石膏 1%，石灰 3%，含水量 65%～70%。④粮食籽粒培养基：小麦（谷子，高粱）98%，轻质碳酸钙 1%，石膏 1%，含水量 60%。

2. 原种培养基制作

（1）粮食籽粒培养基　选择无破损的粮食籽粒，用水冲洗 2～3 次，用冷水浸泡吸胀，或水煮沸吸胀均可。冷水浸泡气温低时吸胀时间为 24 小时，气温高时为 12 小时，浸泡到无白心为宜。将籽粒捞起用清水冲洗，沥干后放入锅中煮熟。用水煮沸吸胀是将洗净的籽粒直接放入沸水锅中煮熟，标准是熟透而不“开花”，否则易感染细菌。煮沸的时间因籽粒大小而有差异，如谷粒需 13～15 分钟，麦粒需 25～30 分钟，捞出后用纱布包往吊起沥水 8～12 小时，或摊放在竹筛或铁丝网上沥水，沥水的标准是籽粒湿重是干重的 1.5～1.7 倍。沥水后拌入石膏粉、碳酸钙粉，装瓶。宜用小口玻璃瓶，装料至瓶高的 3/5～4/5。采用高压灭菌锅灭菌，103 千帕（约 1.05 千克 / 厘米 ^{2}）压力下保持 1.5～2.5 小时即可。灭菌结束，压力回“0”后热出锅，用力振荡瓶内籽粒，以防瓶壁冷凝水浸渍籽粒，导致污染。

（2）棉籽壳、木屑培养基　按培养基配方要求的比例，分别称取原料。采用全机械拌料的还要依据拌料腔容量的大小，把主、辅料分为若干份，分别加水搅拌均匀。手工拌料的，先将主料放入盒内或摊于水泥地面上，麦麸类辅料撒于上面，用铁锨翻匀，倒入混有石膏、石灰的水后再翻拌匀，注意不能存有干料块。棉籽壳类培养料含水量应在 65% 左右，即用手紧握料时指缝间有渗水但不滴水。木屑类培养料含水量应在 60%～65%，即用手握料成团，掉地下即散。玉米芯、秸秆类培养料持水量大，用手握法感知含水量误差大，需称量添加。拌料后要迅速分装，分装的容器为广口罐头瓶、塑料袋等。如需堆闷，应注意透气和翻料。分装前要检测酸碱度，若 pH 值偏低，可用石灰粉或浓石灰水调节。

3. 原种培养基容器与分装

为了保证原种无污染和便于检查，多采用透明度较高的玻璃瓶，有750毫升菌种瓶，瓶口直径30～32毫米；500毫升或250毫升输液瓶，瓶口直径19毫米；500毫升或750毫升广口罐头瓶，瓶口直径80毫米。瓶颈小的，污染率低，但装料困难，适于粮食籽粒种的制作；瓶颈过大，易造成污染。近年来，亦有用800毫升塑料瓶和12～15厘米×25～28厘米的聚丙烯塑料袋代替玻璃菌种瓶制种的，后者还常与塑料套环配合使用。

（1）**装广口罐头瓶** 装瓶前必须把空瓶洗刷干净，并倒净瓶内剩水。气温高时拌料后要迅速装瓶，以免料堆放置时间过长易酸败。装料时，先装入瓶高的2/3，用手握住瓶颈，将瓶底在料堆上轻轻敲打几下，使培养料沉实下去。然后，继续装到瓶颈，用手指伸入瓶口，把培养料压实至瓶肩处，使料上部平实，瓶底、瓶中部稍松，以利于通气发菌。培养料装完后，用直径1.5厘米的圆锥形捣木或螺丝刀钻1个圆洞，直达瓶底部，以利于菌丝生长繁殖。然后用湿布擦去瓶口或外壁上的培养料。瓶口盖上一层或双层聚丙烯（14厘米×14厘米）膜片，用皮筋或细绳扎牢。装瓶机装的瓶也要用手压料至瓶肩处和擦瓶、扎孔。装料封口的培养料瓶，应及时进行消毒灭菌，以控制灭菌前料内微生物的繁殖生长，防止培养料变质。

（2）**装塑料袋** 原种用塑料袋较小，一般规格为长26～28厘米，宽14～16厘米，厚0.004厘米。原种袋一般为一端封口的折角袋；为了方便两头接种，栽培种袋一般为两头开口的筒袋，使用前一端先用塑料绳扎口，装料后再用塑料绳扎另一端口，扎绳紧贴料面，绳结外侧应余有2厘米的长度；若留的太短，将来放种后不好扎口。培养料装入袋后，用塑料绳将两头绑住。装料后的塑料袋圆柱形，高12～15厘米。在袋口外面套加直径3.5厘米、高3厘米的硬塑料环，并将塑料袋口外翻，形成和瓶口一样的袋口。袋口塞上棉塞，包上防潮纸。也可不加套

环，挤压净袋内空气，直接用塑料绳扎紧。用高压锅内灭菌，必须用聚丙烯袋，同时应掌握缓升压和自然降压的方法，以防温度和压力骤升与骤降，造成塑料袋变形破损。

4. 原种培养基灭菌

培养基配好后，一般采用高压蒸汽灭菌或常压蒸汽灭菌两种方法。

（1）高压蒸汽灭菌的操作方法 将灭菌锅内的水加至规定水位，把待灭菌种瓶（袋）装入锅内，摆放时应留有间隙，不可挤得太紧。然后关严锅盖防漏气，关上排气阀，开始点火。当压力上升至0.2～0.3千克/厘米^{2}时，缓慢打开放气阀排出冷气，待压力降至“0”，再关上排气阀升温。此后温度表及压力表的指针逐渐上升。在1.5千克/厘米^{2}压力下保持1.5～2小时（聚乙烯袋在1千克/厘米^{2}的压力下保持3～4小时）即可达到灭菌效果。然后关闭热源，压力自然下降到“0”时，缓慢打开排气阀门，排出水蒸气。利用余热烘烤棉塞，开盖取出菌种瓶（袋）。

（2）常压蒸汽灭菌的操作方法 将菌种瓶、袋叠放在锅、灶内，袋子之间要留有空隙，使袋子受热均匀，易于蒸透。入锅后用旺火迅速升温到100℃，连续加热12～18小时。灶内停火后再用余火闷1夜，即可达到灭菌的目的。

灭菌过程中要注意：栽培种瓶（袋）要整筐进锅和出锅，筐上加盖防尘帘，随筐出入。整筐运输，尽量减少运输次数，以减少运输过程中的可能污染。运输工具要清洁，凡与种瓶（袋）接触的地方都要用消毒液消毒。出锅后要放入冷却场所冷却。冷却场所使用前要用水清洗，喷清水沉落空气中的灰尘，有条件时还可以用紫外灯照射30分钟。冷却场所清洁消毒后要在地面上铺一层经灭菌的麻袋、布垫或用高锰酸钾液浸泡过的塑料薄膜。种瓶（袋）冷却后要尽快接种，防止无菌的种袋再被污染。

5. 原种接种

原种接种就是试管菌种接入原种培养基的过程。原种接种必

须在接种室或接种箱内进行。

第一步，原种培养基从灭菌锅中取出，置于干净的室内冷却，冷却后搬入接种室（箱）内消毒。

第二步，接种室每立方米空间用甲醛 8～10 克加高锰酸钾 4～5 克，或食用菌专用烟剂 4～8 克，密闭熏蒸 30 分钟，有条件的在接种前用紫外线灯照射灭菌。

第三步，接种时，操作人员的手需用 75% 酒精涂擦消毒，母种试管先用 75% 酒精棉擦拭消毒，管口、瓶口和棉塞都要在酒精灯火焰上过火消毒。

第四步，接种铲在酒精灯火焰上灼烧消毒，在火焰旁拔出试管和原种料瓶棉塞，接种铲冷却后，伸入母种试管内，切取一块有菌丝体的培养基块，迅速放入原种培养料中央洞口，塞好棉塞，用牛皮纸包扎。瓶上贴上标签，标明菌种名称及接种日期等。一般 1 支试管母种可接种 3～4 瓶原种。灭菌的原种培养基不宜久放，最迟在第二天必须接种完。接种过程中最好要在酒精灯火焰区进行，开、封瓶口要在火焰上燎过，动作要迅速熟练。最好是 2 人配合操作，1 人掏取菌种，1 人拔出和塞好瓶口棉塞及扎口，以提高接种效率。

6. 原种菌丝培养

接种后的原种菌瓶，放入培养室内培养。培养室温度一般控制在 25℃左右，空气相对湿度不超过 75%。每天定时检查，发现有杂菌感染的瓶子要及时清理出去。定期倒换菌种瓶的位置，使菌丝均匀生长。培养室切忌阳光直射，注意通风换气，室内保持清洁。刚接种的菌瓶，瓶口向上直立放在架上，待菌丝吃料后可卧放重叠，但不要堆叠过高，瓶间要有空隙，以防温度过高造成菌丝衰老，生活力降低。在适宜条件下，原种培养 30～35 天，菌丝长满培养料瓶，即可扩大培养栽培种用。

接种后的菌种瓶或一端开口栽培种袋直立放置在培养架上，不要卧倒叠放，否则菌种块会落在袋壁或瓶壁，影响发菌。两端开口栽培种袋可叠摞排放，层数视气温高低而定，气温高于30℃，叠放2～3层；15℃以下，可叠放6层以上。在22℃～25℃条件下，一端开口或两端开口平菇栽培种经25～30天菌丝即可长透培养料。

六、平菇三级菌种（栽培种）制备

1. 栽培种培养基的原料和配方

将原种转接到同一培养基上进行扩大培养，即为栽培种。所以栽培种培养基的原料和配方与原种培养基的相仿。上述提供的平菇原种培养基配方，不做任何改变均可作为平菇栽培种配方。

2. 栽培种培养基制作

栽培种培养基制作方法与原种制作方法相同。

栽培种多采用塑料薄膜袋来进行培养，塑料袋装量多，价格便宜，易于运输，使用也方便。栽培种用高压锅灭菌时，必须用0.05毫米厚的聚丙烯塑料袋；聚丙烯袋耐高温高压，高压灭菌时不会变形。用普通蒸锅常压灭菌时，可选用0.035～0.04毫米厚的高密度聚乙烯塑料袋。袋的规格有两种，一种是宽17厘米、长35厘米的折角袋，装料与扎口方法和原种袋相同。另一种是用宽17厘米的筒料，裁成33～35厘米的段，一端在使用前用塑料绳扎口，装料后再用塑料绳把另一端口扎好，扎绳紧贴料面，绳结外侧留有2厘米的长度，为以后接放的菌种留有余地。

3. 栽培种接种

栽培种接种就是把原种接入栽培种培养料的过程。栽培种接种过程也要按照无菌操作的要求，可在接种室、接种帐进行，但要减少进、出次数和增加接量。原种接入栽培种培养料时，用长柄镊子或接种铲挖取大枣大小1块原种，放入塑料袋培养料中央的洞口；也可用镊子先将瓶内原种弄碎，然后瓶口对着袋口倒入弄碎的原种，使菌种撒在料面上，塞上棉塞，将塑料袋口包扎好。一般1瓶原种可接种30袋一端封口的袋装栽培种、60瓶瓶装栽培种，12～15袋两端开口的袋装栽培种。如原种充足，可适当加大接种量，这样菌丝蔓延快，培养时间可相应缩短。

栽培种菌龄是自接种之日开始计算的，不同种类的食用菌栽培种生长速度不同，因此最适菌龄也就不同。但是，无论菌丝长得快慢，均是菌丝长满瓶（袋）后的7天内是使用的最佳菌龄。此期正是菌种的青壮年时期，菌丝分布均匀，细胞内营养物质积累充足，生命力旺盛，转接后吃料快。菌种长满后，随着培养时间的延长，菌种逐渐老化，培养基失水，菌种干缩，活力下降。因此，栽培种菌丝长满瓶（袋）后要及时使用。

栽培种是用于接种栽培出菇袋的，用种量多对菌袋培养基的覆盖面大、发菌快，可以控制杂菌污染和有效地缩短发菌时间，提早出菇。但是菌种不能作为培养基使用，所以对产量的提高没有关系，也就是说不存在栽培种用量越大产量就越高的说法。用种量过大还会出现菌袋的污染问题，如接种时菌种的菌丝被打断，堆积在出菇袋内，菌种受伤后呼吸强烈，产生很大的热量，分泌出很多的水分，若不能及时散发出去，就容易引起烧菌和死亡现象；死亡的菌丝被杂菌侵染后又感染新菌袋，则造成菌袋报废。另外，菌种的菌丝菌龄比新接种的菌丝长30多天，容易在菌袋内出菇，影响菌袋的正常发菌。因此，接种时用种量应以覆盖培养面为宜，不应过量用种。

4. 栽培种菌丝培养

栽培种菌丝培养请参见原种菌丝培养。

七、菌种保藏和贮藏

1. 菌种保藏

菌种保藏的目的在于在较长时间内保持菌种的生存，保持菌种形态、遗传、生理等优良的农艺性状的稳定，保持其纯培养状

态，免受其他生物的侵染。

菌种的保藏方法有很多，常用的有继代培养低温保藏、液体石蜡覆盖保藏、蒸馏水覆盖低温保藏、超低温冰箱保藏和液氮超低温冻结保藏。

（1）继代培养低温保藏　将菌种放在4℃～6℃恒温箱中保藏3～6个月，然后重新进行移接，移接后再放回恒温箱内继续保藏。此法是目前普遍采用的方法，优点是应用仪器设备简单，操作方便、简便易行。缺点是菌种退化快，较长时间保藏后常出现菌丝生长缓慢，甚至不能生长现象，有的品种还会形成色素。

（2）液体石蜡覆盖保藏　将无菌的液体石蜡覆盖于菌种斜面表面，隔绝菌种的氧气供应，以控制生长，减缓老化，减少变异。此法有时会出现大量分泌色素、发生角变、菌丝变稀弱、生长不正常等问题。

（3）蒸馏水覆盖低温保藏　将无菌蒸馏水注入需要保藏菌种的斜面菌种内，然后把菌袋（瓶）直立放置于4℃～6℃恒温箱保藏，此法常被用作菌种的短期保藏，1年左右需要继代培养1次。

（4）超低温冰箱保藏　此法需要超低温冰箱，温度控制在-76℃～-80℃，可以长期保藏。

（5）液氮超低温冻结保藏　此法是将菌种置于保护剂中，经程序降温至-90℃，将菌种置于液氮容器中长期保藏。

2. 菌种贮藏

菌种贮藏的目的在于防止因污染减缓菌种的代谢和造成衰老，保持菌种活力和纯培养状态，使之处于随时可用的生理状态，保持菌种的商品质量。菌种贮藏有以下基本要求。

（1）环境卫生　菌种贮藏场所要干燥、洁净，远离石灰场、水泥场等粉尘大量发生地，以防粉尘导致的污染。

（2）环境湿度和通风　贮藏场所不可湿度过大，要保持空气流通良好，以带走菌种呼吸而产生的大量水分，使空气相对湿度保持在6%以下，以防污染。

（3）**避光** 光照可加快菌丝老化，刺激子实体形成，子实体形成将消耗菌种的大量养分。因此，菌种贮藏要避光，以避免子实体形成。

（4）**适度分散** 贮藏期间菌种仍处于代谢状态，其代谢的活跃程度主要取决于贮藏场所的温度。当菌种紧密叠放时，代谢热不能较快地散出，代谢产生的水分也不能及时排出，不利于菌种质量的保持。

（5）**减少人员出入** 过多的人来人往，易导致贮藏场所温度升高，同时空气流动使空气中悬浮物增加，易造成污染。因此，菌种贮藏场所要尽量减少人员的出入，除定期定时的菌种贮藏状态检查外，应禁止一切无关人员的出入。

3. 平菇菌种的贮存时间

当培养基上长满菌丝后，如果菌种暂时不用，可放置于较低的温度下贮藏。母种在4℃～6℃条件下可贮藏时间90天，原种在4℃～6℃条件下可贮藏45天，栽培种在25℃以下条件下可贮藏10天、在1℃～6℃条件下可贮藏45天。

八、菌种质量控制与鉴别

1. 保证母种质量的关键技术

（1）**菌种来源** 用于生产母种的菌种来源主要分为两类，一是来自育种者或具有资质的单位。二是自己保藏的菌种。用于生产母种的原始菌种应该是生长健壮、无其他生物污染的纯培养物。同时，对其菌种种性充分了解。

（2）**培养基质量保证** 培养基是菌种生长的物质基础，构成培养基的主要成分包括碳源、氮源、矿质元素、微量元素、生长因子等。

（3）**接种与培养条件** 斜面菌种只有健壮部分适宜做菌种再扩大繁殖，同时培养条件对菌种质量影响很大，温度、湿度、氧

气、二氧化碳和光照等对菌种质量都有较大影响。

（4）接种时菌龄　菌龄是影响菌种活力的直接因素，菌龄长则活力低，一般要求菌丝长满斜面后3～5天内使用。

（5）菌种贮藏与运输条件　菌丝长满斜面后，如果暂时不用，可放置于较低的温度下贮藏，平菇母种在4℃～6℃条件下可贮藏90天。邮寄菌种时需要木箱或足够强度的纸箱包装，内垫防震材料，防止运输过程中玻璃试管破碎。此外，试管头需用纸张包扎，防止棉塞松动或脱落。

2. 保证原种质量的关键技术

第一，规范母种来源，保证原种质量。购买母种时应从具有资质的上一级菌种厂购买，这是控制种源质量的关键。

第二，接种量按《食用菌菌种生产技术规程》的要求，1支母种移植扩大原种不应超过6瓶（袋）。

第三，不使用《食用菌菌种生产技术规程》以外的容器，各类容器都要使用棉塞或无棉塑料盖，棉塞要使用梳棉，不要使用脱脂棉。

第四，选择合适的培养基配方、适宜的含水量，培养料填装时松紧度要合适。

第五，必须采用高压灭菌，确保灭菌彻底，以保证菌种的纯度。

第六，根据平菇品种的生长特性，培养温度保持在20℃～24℃，空气相对湿度保持在75%以下，通风避光。

第七，菌龄为菌丝长满瓶（袋）后的1周使用较好，若暂时不用，可置于适宜的环境条件下贮藏，以延缓菌种衰老，保持活力。

3. 保证栽培种质量的技术关键

第一，栽培种的容器规格关系到灭菌压力、温度和时间，玻璃瓶较塑料袋需要更长的灭菌时间，大袋较小袋需要更长的灭菌时间，为了保证灭菌效果，栽培种的容器一定要符合《食用菌菌种生产技术规程》的规定。

第二，各类容器都应使用棉塞，棉塞要使用梳棉，不可使用脱脂棉；或使用符合要求的无棉塑料盖代替棉塞。

第三，若栽培种选用谷粒、粪草培养基，需要高压灭菌，不能用常压灭菌。

第四，接种量直接影响到栽培种的生长，特别会影响到菌种的生长速度，接种量过少，导致菌种上部和下部菌龄差距大，表面菌种活力差，不利于栽培使用。同时，也增加了萌发时杂菌感染的机会。

4. 菌种质量鉴别

菌种的质量主要看菌种的长相是否有活力、是否老化、有没有污染和螨害。对于外购的菌种，拿到菌种后首先要看标签上的接种日期，看是否老化；如在正常菌龄内，应将菌龄与外观联系起来判断菌种质量。然后仔细观察棉塞和整个菌体，看是否有霉菌污染和螨害，最后看长相，看是否有活力。

（1）**长相是否有活力**　优质菌种外观水灵、鲜活、饱满，菌丝生长旺盛、整齐、均匀（蜜环菌除外），这是菌丝细胞生命力强、有较强生长势的表现，是品种种性优良、菌种优质的重要标志；相反，则表明该品种已老化，不宜投入生产使用。

（2）**老化**　老化菌种的特征是外观发干，菌丝干瘪，甚至表面出现菌皮或有粉状物，菌体干缩与瓶（袋）壁分离，还可能有黄水。

（3）**污染**　菌种污染有两种情况，一是霉菌污染，二是细菌污染。霉菌污染比较易于鉴别，污染菌种的霉菌孢子几乎都是有颜色的，常见的颜色有绿色、灰绿色、黑色、黑褐色、灰色、灰褐色、橘红色等。有时霉菌污染后又被食用菌菌丝盖住，这种情况下仔细观察可以见到浅黄色的拮抗线。细菌污染则较难鉴别，因为细菌污染不像霉菌那样菌落长在表面，而是分散在料内。有细菌污染的菌种外观不够白，甚至灰暗，菌丝纤细、较稀疏，不

鲜活，上、下色泽不均一，一般上面暗、下面白，打开瓶塞菇香味很淡。

（4）螨害　在我国南方地区菌种的螨害时常发生。螨害是由于培养场所的不洁，菌种培养期从瓶（袋）口向里钻入螨虫咬食菌丝。有螨危害的菌种在瓶（袋）内壁可见到微小的颗粒，小得像粉尘，菌种表面没有明显的菌膜，培养料常呈裸露状态。肉眼观察不清时可以用放大镜仔细观察。

5. 假、劣菌种

国家农业部《食用菌菌种管理办法》，对假、劣菌种进行了如下定义。有下列情形之一的，判定为假菌种：以非菌种冒充菌种；菌种种类、品种、级别与标签内容不符的。有下列情形之一的判定为劣菌种：质量低于国家规定的种用标准；质量低于标签标注指标的；菌种过期、变质的。从上述定义可以看出，假菌种与劣菌种是有明显区别的，对假菌种的判断是以所生产或销售的菌种是不是所标注的种类、品种或级别，是否存在弄虚作假或张冠李戴现象，是菌种对“本质”的判断。对劣菌种的判断以所生产或销售的菌种，是否达到菌种标准中所规定的菌种质量要求，是对菌种“表现”的判断。

劣质菌种首先表现为外观形态不正常，表面皱缩、不平展、不舒展、长速变慢。气生菌丝呈雪花状或粉状凌乱、倒伏，生长势弱；有的是气生菌丝变多或变少或没有。菌丝不是正常白色，而是呈现微黄色、浅褐色或其他色泽，或由鲜亮变暗淡。有的分泌色素吐黄水。菌体干缩、色泽暗淡、上下菌丝色泽不一致。表面有原基或小菇。

九、菌种标准化生产

1. 菌种标准化生产的核心技术

食用菌菌种的扩大繁殖，一定要严格按照科学的操作规程进行，在无菌条件下接种培养，即称之为“无菌操作技术”。无菌操作是食用菌菌种标准化生产的核心技术，也是食用菌熟料栽培的核心技术。其工艺流程是：

培养基灭菌→无菌操作→纯菌丝培养

（1）精选优良品种 为了保证品种优良，要不断引进新菌种，并通过品比试验，筛选出菌丝生长迅速、抗逆性强、出菇早、转潮快、生长周期短、生物学效率高的优良菌种。在每年的菌种生产之前，对选用的当家菌种要做出菇鉴定，通过实际生产，从菌丝的生长情况和栽培出菇情况进行评价鉴定。凡是能保持原菌株的性状，或比原菌株性状更优的菌株，都可以用来繁殖扩大，应用于生产。性状变劣的菌种应予淘汰。菌种品质优良，可以有效地控制污染，提高产量。所以，精选优良品种是平菇制种的第一道程序。

（2）优选原料，科学配比 要求制作菌种的原料新鲜无霉变，适当地添加有机氮，如添加5%～10%的麸皮等，以增加菌丝活力，促进菌丝生长。菌种培养基中添加水量要适宜，料水比以1∶1.1～1.2为宜。菌种培养基中一般不需要添加多菌灵等杀菌剂。菌种包装物如为塑料，要选择优质的塑料袋，装袋时要防止尖硬的材料扎破菌袋，装好后要轻拿轻放。适宜的培养基质和科学配方，对提高菌种质量，促进菌丝迅速生长，减少杂菌污染有很大的关系。

（3）彻底灭菌，及时接种 常压灭菌时，锅内的菌袋不易排放太多，袋子之间要留有空隙，使袋子受热均匀，易于蒸透。高压蒸汽灭菌时要注意排净冷气，同时注意压力不宜升的太高，以免对营养成分破坏较大。灭过菌的菌种瓶、袋，要及时接种，时间放久，杂菌会从瓶口、袋口的缝隙侵入。潮湿的棉塞，出锅后要立即接种更换，否则会引起链孢霉大量发生。如果灭菌不彻底，在接种培养过程中培养基的各处都会长出杂菌，造成制种失败。

（4）适龄接种，无菌操作　选择适龄的菌种，菌丝活力强，接种后萌发快，封面早，能够有效地阻止杂菌侵入。最佳菌龄期，母种以长满培养基表面后 3 天使用为好，原种和栽培种以长满瓶、袋后 10 天使用为好。菌皮过厚的老化菌种应弃之不用。接种时严格无菌操作，接种空间、接种操作严格按无菌操作规程进行。

（5）科学管理　保证培养环境清洁卫生。培养菌种前要彻底进行 1 次消毒，以减少培养室的杂菌基数。培养室要安装纱门纱窗，防止昆虫和老鼠入室取食弄破菌袋。培养室温度控制在 25℃左右，空气相对湿度控制在 65%，培养室要遮光，每天清晨开窗进行通风换气。

2. 标准化菌种厂的条件和设施

菌种生产企业必须要远离生活区、垃圾场、禽舍、污水沟等。布局设计原则是：科学、实用、紧凑、方便。根据菌种的生产工艺流程及食用菌的生物学特性来进行布局设计。比如,. 菌种的灭菌，如采用煤、柴为燃料时应尽量远离培养室及试验室，但菌种生产的规律又要求菌种自灭菌工序开始，至出厂前以“不见天日”为好，因此在灭菌与培养之间，可巧妙地安排冷却室、接种室。而在灭菌工序前，完全可根据原材料库房的位置设计操作间和操作场以及晒场等，但又要求操作间（场）离灭菌室距离不能过远。否则，将有相当多的时间和劳力浪费在运输上等，这就是一个实用和方便的问题。总之，应本着上述原则进行合理设计，使布局尽量科学化、规范化以及实用化。

菌种厂的基础设施：①用于原材料存放的库房。大宗原辅料可存放于普通平房，要求防雨、防潮、通风、干燥；塑料袋等材料存放库房则要求为房屋。②用于原料晾晒处理、基料的堆集发酵处理、配料，以及运输车辆临时停靠或进出等水泥硬化场地。③用于制种或小量试验性生产配料、装袋以及某些移动机械及工具的临时存放的厂房。④用于高压灭菌的灭菌室，常压灭菌的敞棚，以不漏雨、地面洁净为原则。⑤用于冷却、接种的无菌室，要求相对密封条件较好，墙面、地面洁净，易于洗刷消毒，装有配套空气调节设备，并设有缓冲间、更衣间等。⑥用于培养菌种的培养室，要求密封条件好，通风条件好，安装增温、降温设备和空气调节设备。⑦用于生化试验，分离、鉴定及保藏菌种的实验室，基本要求同培养室，须处理墙体，达到光滑、洁净、易于冲刷，并设有缓冲间、更衣间等。⑧用于育种试验、出菇试验、综合品种比较试验以及原料、配方等栽培试验的出菇场所。⑨配套设施的水、电设备等。

十、菌种的购买

1. 优良栽培菌种的基本特征

（1）**生长整齐**　同一品种，使用相同的培养基，在相同的条件下培养，生长速度和子实体长相基本相同。

（2）**生长速度正常**　平菇不同品种、不同培养基、不同环境条件下菌丝的生长速度不同；同一品种在固定的培养基和培养条件下，有其固定的生长速度，如使用750毫升菌种瓶，在24℃±2℃条件下20～25天菌丝可长满瓶。

（3）**色泽正常**　不同菌种虽然色泽略有差异，但在天然木质纤维质的培养基上生长时，几乎菌丝体都是白色。如果污染有其他杂菌，从菌种外观可看到污染菌菌落的颜色或有明显的拮抗线。

（4）**菌丝丰满**　优良的栽培种，无论生长中，还是长满后，看起来都应是菌丝丰满、浓密、粗壮、均匀。

（5）**菇香味浓郁**　正常的栽培种，打开瓶（袋）口，可闻到浓郁的菇香味，如果气味清淡或无香味，说明菌种有问题，不能使用。

2. 优质菌种的购买

要买到优质的菌种，一是要选择有固定经营场所、信誉好、

服务好、经过相关部门批准备案的有菌种生产经营许可证的正规食用菌菌种生产单位。按《食用菌菌种管理办法》的规定，食用菌菌种生产必须经工商注册，具有经有关部门专业考核合格后颁发的生产许可证，必须按有关行业标准或国家标准有关规定进行生产。菌种生产单位要建立菌种生产档案，载明生产地点、时间、数量、培养基配方、培养条件、菌种来源、操作人、技术负责人、检验记录、菌种流向等内容。因此，购买者应仔细阅读供种者提供菌种的品种说明，说明越详细表明技术水平越高。二是购买者应制定栽培计划，购买原种和栽培种最好提前预订，如果大规模栽培，还应预订后分期取种，这样供种者可根据买方要求的品种类型、需要的时间和数量，有计划地进行生产，保质、保量地按时供应菌种，使买方在使用期内菌种处于最旺盛状态。同时，卖方也可减少盲目生产的浪费，避免贮藏对菌种的不良影响，减少不必要的支出。

食用菌菌种是食用菌生产成败的关键，使用优质菌种会给菇农带来高产量、高收益。如果误用劣质菌种则会给菇农带来严重损失。因此，广大菇农在购买菌种时应注意以下几个方面：

（1）要选择从具有相应资质的供种单位购种 购种的同时应索要相关技术资料，提供详细的品种特性、培养条件和栽培要点等技术资料是供种者的义务。如果供种者不能提供令人满意的技术资料，其资质和菌种质量是值得怀疑的。

（2）掌握菌种知识 购买者应咨询所购菌种的种类、品种、级别以及培养基种类、接种日期、保藏条件、保质期等，对所购菌种做到心中有数。

（3）对菌种质量的外观进行鉴别 菌种是否洁白、丰满、粗壮，有无老皮和黄水等老化现象，最好逐瓶（袋）检查。

3. 好种好用

俗话说好种出好苗。有了好菌种只是具备了丰收的基本条件，要获得丰收，还必须会用好种，即良种要有良法。生产中要做到以下几点：

（1）**计划生产** 菌种预定，确保使用生命状态处于旺盛期的菌种，不使用老菌种。

（2）**正确运输** 购买的菌种，按技术要求运输，不风吹雨淋，不暴晒，不与有毒、有害物品混装混运，防止外界有害生物的侵袭。

（3）**详细了解品种的特性，扬长避短，正确使用** 例如，平菇的中低温品种适宜秋、冬季栽培，如果在春季栽培，则易造成产量低。

十一、防止菌种退化

食用菌菌种是菌丝体的纯培养物，生产中不能直接使用母种播种，而必须将母种扩大培养成原种、栽培种或液体菌种，才能在生产中广泛使用。从科研单位购买的母种，多已转管2～3次，基层菌种厂再转管1次比较稳妥，如果菌种厂转管次数过多，则会出现菌丝生长缓慢，或出菇推迟、出菇少，或菇小、质量差，甚至出现不出菇的绝收现象，即所谓的“菌种退化现象”。因此，菌种不宜多次转管。其原因目前尚无定论，但比较一致的看法是由于高温诱变和病毒寄生导致菌种退化。当然，多次转管并不是菌种退化的唯一原因，生产中双核菌丝“去双核化”；或双核菌丝与孢子萌发的单核菌丝杂交产生所谓“布勒现象”，或菌种在继代培养期间产生无性孢子等也是导致菌种退化的原因。

1. 菌种退化的主要原因

菌种退化主要原因有内在的遗传因素和外在的人为因素。

（1）**内在的遗传因素** 一是核基因重组。多数食用菌是双核菌丝体，在长期的双核并裂过程中，两个细胞核之间的遗传物质会发生交换，导致遗传重组，发生变异，影响品种农艺性状和商品性状的表现。二是细胞质遗传基因的变异。食用菌的很多农艺性状，如子实体形成基因一部分位于细胞核上，还有一部分位于

细胞质中遗传基因的自然突变。

（2）**外在的人为因素** 影响菌种质量的人为因素很多，主要是不良的环境条件和错误选择。不良环境条件如高温可以使菌种活力受显著影响，导致细胞器的解体，从而影响正常的代谢，菌种表现退化。不良的保藏，包括培养基、温度和时间，使菌种活力大大降低，固有的诸多酶系统不能正常调动和活动起来，久而久之，导致其系统“呆滞”或“失活”，菌种出现退化。错误选择主要在菌种生产和种源选择中，特别是种源的选择中，每次的扩大繁殖都会出现变异。只有了解菌种的特性特征，能从众多的继代培养物中选择较为理想的个体作种源，才能保证菌种不出现退化。

2. 防止菌种退化的方法

①严格控制菌种转管次数。菌种转管次数越多，产生变异的概率越高，菌种发生退化的概率就会越高，生产中应严格控制菌种的转管次数。②扩大培养中使用标准配方和标准培养条件，以便及时发现问题及时补救，淘汰异常或退化个体，防止其作为种源流入生产。③创造菌种生长的良好营养和环境条件，培养中连续观察，严格把关，发现任何异常都要及时淘汰，确保菌种纯正。④定期进行菌丝顶端纯化培养。国家对食用菌菌种虽未实行强制审定，但为了保障农业生产安全，应选择国家或省级以上通过认定的品种。⑤严格菌种栽培试验，每年试管种投产前必须做出菇试验，认真观察每个性状，严格性状评价，有效阻止退化菌种作种源投入批量生产。⑥为了菌种使用的安全，不可单打一，每年同类参试品种要在 2 个以上。

十二、菌种生产中的异常现象及防治措施

1. 母种接种后不萌发或发菌不良

（1）**培养温度不适宜** 正常的菌丝生长温度为 18℃～25℃，

培养温度低于 12℃，易造成接种块不萌发，萌发迟缓，萌发后生长迟缓。

（2）**母种培养基放置时间过长** 培养基的含水量为 60%～65% 时，适宜菌丝的生长；若母种培养基放置时间过长，致使培养基表面干枯、萎缩、含水量过低，则易造成接种块不萌发及萌发迟缓。

（3）**接种块菌龄过长** 接种用母种试管菌龄过长，菌丝活力显著下降，致使萌发慢和长势弱。母种的最佳菌龄为菌丝长满斜面后 1～7 天。

2. 原种、栽培种接种块萌发不正常

接种块萌发不正常主要表现为两种情况：一是萌发或萌发缓慢；二是萌发的菌丝纤细无力，扩展缓慢。其主要原因有以下几方面。

（1）**培养温度不适宜** 正常的菌丝生长温度为 18℃～25℃，培养温度过高或过低都会造成接种块不萌发或萌发迟缓或生长迟缓。

（2）**含水量不适宜** 适宜菌丝生长的培养基原料含水量为 60%～65%，含水量过高或过低均对菌丝的生长造成不利影响。培养基原料含水量过低，接种块干枯，不萌发；培养料含水量过高，透气性差，氧气少，造成菌丝生长迟缓。

（3）**培养基原料霉变** 正处在霉变期的原料中有大量有害物质，这些物质耐热性极强，在高温下不易分解变性，甚至在高压高温灭菌后仍保留其毒性，致使接种菌种不萌发。

（4）**灭菌不彻底培养基中有细菌** 灭菌后残存的细菌分散在培养基中，无肉眼可见的菌落，而不像霉菌那样有肉眼可见的菌丝或分生孢子。菌丝在有细菌存在的基质中不能正常萌发生长。

（5）**接种块菌龄过长** 母种和原种菌龄过长，菌丝活力会显著下降，作菌种使用时萌发和长势会受到影响。母种的最佳菌龄为长满斜面后 1～7 天，栽培种生产使用的原种的最佳菌龄为菌丝长满瓶（袋）14 天之内。

3. 原种、栽培种发菌不良

发菌不良的表现多种多样，常见的有生长缓慢、生长过快但菌丝纤细稀疏、生长不均匀、菌丝干瘪不饱满、色泽灰暗等。造成发菌不良的主要原因有以下几方面：

（1）培养室温度和湿度过高，空气流通不够　培养室温度高、空气湿度大、培养密度大的情况下，空气流通不好，影响菌种中氧气的供给，导致菌种生长受阻，造成菌种外观色泽灰暗，干瘪无力。

（2）培养料中水分含量不当　培养料中水分含量过多或过少都会导致发菌不良，特别是含水量过大时，培养料氧气含量显著减少，菌丝长至瓶（袋）中下部后生长缓慢，甚至不再生长；含水量过少则生长显著减缓。

（3）装料过紧　培养料装得过紧时，透气性不足，不能满足菌丝生长对氧气的需要。袋装的原种和栽培种特别容易发生这种情况，可采取打孔措施，增加培养料的空气供给，具体方法是在无菌条件下用细针在长满菌丝的地方扎一圈透气孔，或松一松绑口绳。

（4）灭菌不彻底有细菌残留　平菇菌丝在有残存的细菌时仍能生长，但常常表现为菌丝纤细稀疏、干瘪不饱满、色泽灰暗，菌丝长满基质后逐渐变得浓密，但用作菌种时易导致批量污染。

（5）原料中混有毒害物质　培养基质中含有松、杉、柏、樟、桉等树种的木屑，或原料贮存不当发生霉变，会显著影响菌丝的生长。

（6）培养基酸碱度不适　平菇菌丝适宜生长的 pH 值为 5～6，培养基过酸或过碱均会造成菌丝发菌不良。

4. 灭菌失败的主要因素

（1）培养基的原料性质　不同材料导热性不同，其自然存在的微生物种类和基数不同，灭菌所需时间也不同。因此，生产中要根据培养基的不同灵活掌握灭菌时间。常用培养基需要灭菌的时间由短至长依次为木屑、草料（如棉籽壳、玉米芯）、粪草、谷粒，即木屑需时最短，谷粒种最长。因此，NY / T528“食用菌菌种生产技术规程”规定原种生产必须使用高压蒸汽灭菌。从培养基原料的营养成分上看，糖、脂肪和蛋白质含量越高，传热性越差，对微生物有一定的保护作用，灭菌时间相对要长，因此添加麦麸、米糠较多的培养基灭菌也需时间较长。从培养基的自然微生物基数上看，微生物基数越高，灭菌需要时间越长，因此培养基加水配制均匀后，要及时灭菌，以免其中的微生物大量繁殖影响灭菌效果。

（2）培养基的含水量和均匀度　水的热传导性能较木屑、粪草、谷粒等的固体物质要强得多，如果培养基配制时预湿均匀，吸透水，含水量适宜，灭菌过程中达到灭菌温度所需时间短，灭菌容易彻底。相反，若培养基中夹杂有未浸进水分的“干料”，俗称“夹生”，蒸汽就穿不透干燥处，则达不到彻底灭菌的效果。因此，培养基配制过程中，谷粒、粪草应充分预湿、浸透或捣碎，以免“夹生”。

（3）培养基酸碱度　偏酸性的培养基较偏碱性培养基灭菌时间短。

（4）容器　玻璃瓶较塑料袋热传导慢，在使用相同培养基、相同灭菌方法时，瓶装菌种灭菌时间要较塑料袋稍长。

（5）灭菌容量　无论是高压灭菌还是常压灭菌，都应随容量的增大而延长灭菌时间。

（6）堆放方式　锅内被灭菌物品的堆放形式对灭菌效果影响显著，生产中应使用固定形状和大小的灭菌筐，将菌袋单层装筐灭菌，这样蒸汽流通均匀畅通，利于保证灭菌效果。

5. 母种污染原因及防治

①母种种源带有杂菌。因此，生产中引种时要到正规的菌种供应单位购买。②培养基灭菌不彻底。生产中灭菌必须采用高压灭菌，灭菌时要将冷空气排放干净，保证灭菌时间，控制每次灭菌的培养基数量。③灭菌时尽量减少试管内的冷凝水，棉塞应

选用梳棉，不能用脱脂棉和化纤棉。④接种操作时要严格无菌操作，接种针、种源的管口均要用酒精灯灼烧，彻底杀死附着其上的微生物。接种动作迅速，准确。⑤母种培养时，应保持环境清洁卫生、干燥、通风。

6. 原种、栽培种污染原因及防治

（1）灭菌不彻底　特点是污染率高、出现早、污染出现的部位不规则，一般在培养基的上、中、下各部位均可出现杂菌菌落，培养3～5天后即可显现污染。

（2）容器密封不严　用聚丙烯塑料袋作容器时，经高温灭菌后比较脆，在搬运过程中，遇到一定强度的摩擦，折角处易磨破，形成肉眼不易看到的沙眼，由此而造成局部污染。

（3）接种物带杂菌　特点是杂菌从菌种块上或附近长出，污染的杂菌种类比较一致，且出现早，接种3～5天内就可肉眼鉴别。如果接种物本身就已被污染，扩大到新的培养基上必然出现成批的污染，1瓶污染的原种可扩大为30～50瓶栽培种的污染。

（4）灭菌后冷却过程中感染杂菌　经过灭菌的培养基已经达到了无菌状态，灭菌完毕的培养基放置在不洁净环境中冷却，有可能通过袋口（或瓶口）吸入杂菌。

（5）接种操作污染　特点是污染分散出现在培养基上表面，较接种带菌和灭菌不彻底造成的污染发生稍晚，一般接种后7天左右出现。污染源主要是接种室空气和种瓶、种袋冷却中附在表面的杂菌，以及操作人员违反无菌操作规程，手及接种工具消毒不严格等。

（6）培养环境不洁及高湿　特点是接种后污染率很低，随着培养时间的延长，污染率逐渐增高。大多在接种10天以后，甚至培养基表面都已长满菌丝后，陆续出现污染菌落。这种污染多发生在湿度高、灰尘多、洁净度不够的培养室。

7. 防治菌种污染的措施

制作菌种常有污染杂菌的现象发生。菌种培养期间，原种污染率≤5%，栽培种污染率>10%，均属正常现象，去杂后的菌种可按计划利用。如果原种污染率>10%、栽培种污染率>20%，则表示污染率过高。生产实践表明，原种污染率过高时，剩余未发现杂菌的菌种应改变用途，可作为栽培种直接用于生产。栽培种污染率过高时，剩余未发现杂菌的菌种应加大用种量。例如，原来100千克培养料只需20瓶菌种，现在可增加至30～40瓶。如果原种污染率超过15%，栽培种污染率超过25%，均不宜作为菌种应用于生产，可直接用其栽培出菇或出耳；或全部报废，将其灭菌后掏出培养料，用于食用菌代料栽培。

8. 避免接种操作污染的措施

（1）洁净冷却 冷却室使用前用紫外线灯照射和喷雾相结合消毒，使之高度洁净。灭菌后的种瓶和种袋不能直接放在有尘土的地面上冷却，最好在冷却室地面上铺一层灭菌的麻袋、布垫或用高锰酸钾液浸泡过的塑料薄膜。

（2）接种室（箱）及工具严格消毒 使用前必须严格消毒，消毒处理前要将接种物和被接种物都码放好，以杀死容器表面附着的杂菌。

（3）操作人员自身保持清洁 操作人员要穿戴专用衣帽，并定期洗涤，保持高度清洁。操作前用蘸有消毒液的潮湿消毒巾擦拭前襟，以减少灰尘和杂菌孢子的沉落。进入接种室前要认真洗手，操作前用消毒剂认真消毒双手。

（4）接种过程要严格无菌操作 接种过程中，操作人员要少走动，少搬动物品，不说话，动作要小和快，减少空气震动和流动，以减少污染。

（5）在火焰上方接种 接种操作，包括开盖、取种、接种、盖盖等均应在酒精灯火焰周围的区域内完成，不可偏离，2人接种时要密切配合。

（6）接种前准备充足 接种操作一旦开始，就要批量批次完成，中途不间断，一气呵成。

（7）未经灭菌的物品切勿进入无菌的瓶内或袋内　接种操作时，接种钩、镊子等工具一旦触碰了非无菌物品，如试管外壁、种瓶外壁、操作台面等，绝不可再直接用来取种、接种，必须重新进行火焰灼烧灭菌。

第四章

平菇栽培设施与设备

一、栽培设施

适合栽培平菇的设施很多，有闲置的简易房、塑料大棚、日光温室、半地下式拱棚、阳畦以及人防工程、废弃的矿井、山洞等。一般闲置厂房、库房、普通民房等场地适宜春秋适温季节栽培；地下室、防空洞等场地适宜在夏季高温季节栽培；半地下式菇房、塑料大棚、日光温室等场地适宜早春、晚秋和冬季栽培。

1. 设施的环境要求

平菇生产设施周围环境的地势、卫生状况、污染源等综合环境质量，直接影响着平菇产品的质量。因此，平菇生产对周围的环境有如下要求：地势平坦，有水源，排水畅通，雨季不积水。②远离扬尘和有害生物滋生场所，如水泥厂、垃圾场、粪便堆放场、各种养殖场等。这是因为扬尘严重的场地会导致菇体不洁，达不到卫生标准；垃圾场、粪便堆放场和养殖场存在多种危害平菇的霉菌和害虫，特别是螨虫对平菇菌丝的危害较严重，难以控制，增加了平菇的种植风险。③远离农药用得多的作物栽培场所，防止外源农药的污染。④交通方便，道路畅通。一方面便于生产操作，如运送菌袋入棚等，另一方面保证蘑菇采收后运输及时。

2. 设施的建造

建造平菇栽培大棚应充分考虑食用菌喜阴喜湿、少光好气的特点。各地气候条件不同，栽培季节也不同，生产中要根据当地的气候特点设计和建造。原则上要注意以下几点：一是保温、保湿和通风性能良好，这就要求墙皮要厚，最好为 80 厘米左右，北方地区冬季要达到早晨温度 8℃以上，夏季温度应在 30℃以下。二是建造方向要顺应当地栽培季节的主要风向，以利通风换气。要求大棚前、后都有通风口形成对流，并备好不需要通风时的封闭材料，通风口还应安装窗纱防虫。三是棚内、外要预留吊挂遮阴层的装置。四是大棚面积不可过大，以利于病虫害的控制，以 200～400 米^2 为好。

（1）简易出菇房　简易出菇房可以利用现有的瓦房、草房、窑洞、地下室等进行改造，也可以新建菇房。菇房必须通风换气和保温、保湿性能良好，光照充足。菇房应建在距水源较近、周围开阔、地势较高、利于排水的地方。方位应坐北朝南，有利于通风换气，冬季还可提高室内温度。屋顶及四周墙壁要光洁坚实，除通风窗外尽量不留缝隙，地面应是水泥地或砖地，以利于清扫和冲洗消毒。通风窗应该钉上 60 目以上尼龙纱网，以防害虫窜入。房顶上设置拔风筒，这样有利于保温、保湿和通风透光。墙壁开设下窗和上窗，门和窗应对着走道或床架空当，避免外来风直吹床面。菇房还应设置喷水和调温装置。可以在地面辅成床畦进行栽培，也可设床架进行栽培。床架应南北排列，四周不要靠墙。床架之间留 60 厘米左右的走道，床面 90～100 厘米，上下床间距 60 厘米，最下层离地面约 16 厘米，以防积水，最上层不要超过玻璃窗，以免影响光照。菇房还应设有贮水和喷水装置以及温湿度监测装置。

简易出菇房分为地上式、地下式和半地下式 3 种。

①地上式菇房　是目前栽培食用菌最基本的一种设施，一般长 8～10 米、宽 8～9 米、高 5～6 米，屋顶装有拔风筒，前后装设门和窗。上窗低于屋檐，地窗高出地面。一般 4～6 列床架的菇房可开 2～3 道门，门宽与走道相同，高度以人能进去为宜。

②地下式菇房　建在地面以下的菇房适于北方寒冷地区。室内气温变化较小，易保温保湿，冬暖夏凉。但是出入不方便，通风换气较差，必须安装抽风排气设备。利用地窖、人防地道、山洞和地下室改建的菇房亦属此种类型。

③半地下式菇房　半地下式菇房一半建在地上，一半埋在地下，兼具地上式和地下式的优点，缺点是通风换气较差、出入不便。为此，房顶每隔 2 米左右设置 1 个 40 厘米粗的拔风筒。

（2）**塑料大棚**　采用塑料薄膜大棚代替菇房栽培平菇，具有建造容易、成本低廉、保温保湿性好、能利用太阳能、有散射光及容易造成昼夜温差等优点。目前，这种栽培设施在食用菌生产中的应用已越来越普遍。塑料大棚的种类较多，从外观可分为拱形塑料大棚和斜坡形塑料大棚 2 种。

①拱形塑料大棚　是最常见的一种大棚，建棚场地要求能避风，冬季向阳，夏季可遮阴。大棚骨架多采用钢管、竹木、水泥预制品等制成，一般高 2.5～3 米，宽 5～10 米，长 20～60 米不等。建造时先将骨架搭建好，然后覆盖上塑料膜，塑料膜多采用高强度聚乙烯膜或聚氯乙烯有色大棚专用膜，最后用稻草或麦秸草苫遮阴，也可采用遮阳网。东西侧棚顶各设 1 个拔风筒，在棚的东西两面正中开门，门旁设上、下通风窗。棚外四周 1 米左右挖排水沟，挖出的土用来压封薄膜下脚。

②斜坡形塑料大棚　通常东西走向，仿薄膜日光温室设计，能借助日光增温。菇棚方位要求坐北朝南，光照充足。大棚三面砌墙，顶部和前面覆盖塑料薄膜。后墙高 2.2 米，距后墙 0.7～1 米再起中脊，两面山墙自后向前逐渐降低。在棚内埋立若干自后向前高度逐渐递减的排柱。柱上端用竹竿或木杆连接起来，形成后高前低一面坡形的棚架。然后覆盖塑料薄膜并以绳索拉紧，塑料薄膜上覆盖草苫遮光保温，两侧墙留棚门，后墙设通风口一排，通风口距棚底 1.2 米左右，通风口直径 0.3 米，塑料薄膜前沿可掀起兼作前通风口。为了增加棚的保温保湿性能，棚底也可

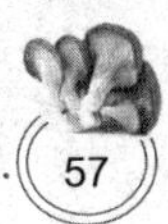

低于地面 0.55 米。大棚骨架也可采用水泥预制品。

（3）**半地下式拱棚**　半地下式拱棚应选择地势干燥、开阔、向阳，而且地下水位较低的地方建造，土质以壤土或黏土为好。菇棚建造前，先用大水浇灌，水渗入土内并稍干再挖。把挖出的土存放地沟四周，拍夯成沟壁的地上部分。棚体东西走向，棚内净宽 7 米，长 20 米，棚底低于地平面 0.5～0.6 米，四周为土垒墙，东西山墙微拱，中脊墙高 2 米，南北墙高 1.7 米，外墙近地面厚 0.9 米，顶厚 0.6 米，棚内南、北墙上各设 2 排通风口，底通风口从棚底斜向地面，上通风口距顶 0.5 米左右，通风口间距 1 米，通风口直径 0.3 米，南、北两侧通风口对应。棚内东、西方向设 3 排柱，柱东西向间距 2 米，柱上横架粗竹筒或杉篙为梁，梁上南北向搭长 4 米的竹竿，竹竿的小端在中间梁上拼接，竹竿间距 0.5 米，棚上覆塑料薄膜，并用压膜线固定，四周围墙上用土袋压牢，塑料薄膜上覆盖草苫，棚门一般设在东、西山墙上。

（4）**地沟式地下菇棚**　地沟式地下菇房是平地挖沟建造的、四壁和地面都是泥土的简易栽培设施。利用土壤是热的不良导体的特性，有利于降低外界温度的干扰，保温性好；利用土壤是水分的良好载体的特性，具有很高的持水能力，有利于保湿。地下式地沟菇房，东西走向，宽 1.6～2 米（窄型）或 2.5～3 米（宽型），沟长视地形和需要而定，一般为 10～30 米，沟壁高 2～3 米。地沟上架设水泥拱形梁或竹、木弓架，每隔 2～3 米（竹木弓架为 1 米）用铅丝固定 1 根横梁，然后覆盖薄膜，薄膜外用弓形竹片压紧固定。房顶每隔 3～4 米开设 1 个 30 厘米× 40 厘米活动天窗，或在菇房两侧开设出口风管，或在拱棚薄膜与沟壁间留有孔洞。最后，在拱棚顶覆盖草苫，在两菇房间和四周开排水沟。

（5）**双拱棚**　南方阳畦建塑料大棚和小棚，在 11 月底至翌年 2 月，大、小棚采用双层塑料膜和遮阳网覆盖，棚内最高温度（下午 2 时）可达 15℃～20℃。在 1 月份最冷时，晴天最高温度也能达到 15℃～16℃，最低温度在 3℃～4℃，一般不会出现 0℃以下的低温。一个长 27 米、宽 6 米、高 2.1～2.5 米的塑料大棚，需要新农膜 40 千克、遮阳网 100 米^2、旧农膜 1 顶。覆盖方法，旧农膜覆盖在大棚骨架上，中间放遮阳网，最外层盖新农膜。新农膜吸热性好，升温快。双层塑料膜中间的热空气形成一层保温层，加上遮阳网能减少棚内热量向外辐射，所以保温性能好，夜间温度一般不会降得太低。遮阳网的透光性比草苫好，冬季光照强度低，用草苫覆盖棚内光照太弱，低于 80 勒时会出现柄粗长而菌盖小的高脚菇。遮阳网有银灰色和黑色两种，黑色的比银灰色的遮光性好，栽培食用菌一般选用黑色遮阳网覆盖，使太阳的直射光变成柔和的散射光进入棚内，冬季棚内光照度一般高于 180 勒，长出的平菇菌盖大、菌柄短、优质菇多。这种覆盖方式，塑料膜可以连续使用 2～3 年，遮阳网能使用 5～6 年。小棚的覆盖可参照大棚，也可以用草苫代替遮阳网。草苫覆盖要注意留一些空隙透光。

（6）**阳畦**　选择背风向阳、坐北朝南的地方，按东西走向做畦。畦一般北高南低，两墙的高低差为 15～20 厘米。阳畦宜短不宜长、宜窄不宜宽，一般长 5 米左右、宽 1～1.2 米，以方便管理。畦面过宽时，中部培养料透气性差，发菌不良，出菇迟且稀。阳畦的深浅应视当地气温和干湿条件而定，通常秋冬栽培的阳畦宜深，以利防冻保温；春季栽培的阳畦宜浅，以利菇床散热。土壤湿润、多雨的地区，阳畦宜浅；土壤干燥、少雨的地区，阳畦宜深，以利调节菇床内的湿度。一般我国南方地区畦深以 10～20 厘米、北方地区畦深以 30～40 厘米为宜。由于平底阳畦产菇期会出现沿畦边四周出菇早且多，而畦中部出菇迟且稀的现象，通常将畦底部改做成墩式、埂式或龟背形。埂式底是在筑畦时，在畦池中部留下 1 条或 2 条与畦长相等、高度均在 10 厘米左右的土埂，或沿畦一头间隔 50 厘米左右留筑 1 条土埂，把大阳畦分成若干个小阳畦。墩式底是在筑畦时，沿畦中线每隔

40 厘米左右留筑一个高 10 厘米左右、宽 25 厘米左右的圆形或方形土墩，此墩既可踏脚，又利于培养料的透气和调节温度。龟背形底是在筑畦时，使畦底中部略高，形似龟背，这样中部辅料较薄，透气性能大大改善。畦北墙与畦南墙之间，自西向东每隔 15 厘米设置 1 根竹架，以便覆盖塑料薄膜。建造阳畦，不需要特殊设备，成本低，可用于春、秋季和冬季平菇栽培。

（7）**简易小拱棚**　塑料薄膜小拱棚是一种最简易的食用菌栽培设施，与一般薄膜菇棚比较，具有搭建简便、取材容易、成本低廉等优点。地棚一般宽 1～2 米，长度因场地大小而定。畦上用竹片搭成拱形棚架，两侧用竹竿（或木棒）固定，棚高 50～70 米。棚上覆盖塑料薄膜，四周用土压牢，棚顶覆盖草苫。棚内做畦，畦宽 1 米左右，畦四周沿畦壁挖宽、深各 10 厘米的灌水小沟。棚与棚间距 60 厘米，中间挖 1 条浅沟，作为排（灌）水沟和作业道。场地四周挖 50 厘米深的排水沟。

（8）**荫棚**　荫棚，又叫草棚，是夏、秋季室外栽培食用菌的场所。棚架高度一般为 2～2.2 米，以人在棚下行走方便为宜。主柱用竹、木、水泥杆作骨架，埋在地下要打牢固，防止风吹倒塌。棚顶有横梁固定，覆盖树枝、玉米秸、高粱秆、芦苇、茅草等遮盖物，达到“三分阳、七分阴”的光照。也可在四周种上瓜果、葡萄等，使其藤叶蔓延伸到棚顶遮阴。荫棚四周要围篱笆、挂草苫防风御寒和防禽、畜入侵危害。

（9）**防空洞和山洞**　防空洞多设在地面 3～10 米及以下，受外界气候影响小，温度一般稳定在 16℃～22℃，非常适合中温型平菇的生长发育。不利的条件是湿度大、自然通风不足，因此必须安装通风设备。面积在 1 000 米 ^{2} 以上的地道，可选用风量为 1 000～1 200 米 ^{3}/ 小时的风机。200 米 ^{2} 以下的地下室，在进、出口处各安装 1 台排风扇即可。另外，防空洞内必须解决光照问题，可在洞内每隔 3～5 米，安装 1 盏 100 瓦普通照明灯泡。防空洞使用前要做好防水堵漏工作，渗水严重的不宜种菇。由于防空洞内长期不见阳光，空气流动小，温暖潮湿，真菌容易繁殖蔓延，因此在使用前要严格消毒。可用硫黄、敌敌畏熏蒸消毒，也可用 80% 敌敌畏乳油 500 倍液和 80% 多菌灵可湿性粉剂 1 000 倍喷雾消毒，消毒后通风，排除有毒气体。用防空洞栽培平菇 1 年不得超过 2 茬，每茬间隔时间应在 2 个月以上，一茬菇生产结束，要彻底清除废料，全面消毒后方可使用。

（10）**菇棚内的床架** 为充分利用菇房（棚）的空间，可设多层床架，用来铺料或放置菌袋。床架应坚固耐用，常用竹木、水泥或三角铁制作，一般为 5～6 层，每层扎上横档，床面铺上细竹条、竹片或秸秆，上面再铺上芦席。层距为 55～60 厘米，底层离地面 30 厘米左右，最上层离房顶 1 米左右。床架宽度，单面操作的为 75～80 厘米，双面操作的可为 1.5～1.6 米，床架长度以菇房的宽度而定。床架与床架间距离 60～70 厘米，以方便行走和操作管理。床架在菇房内的排列应与菇房方位垂直，即东西走向的菇房其床架应排成南北向，南北走向的菇房其床架应排成东西向，窗户应开在床架的行间，以免风直吹床面。

3. 栽培设施的消毒

平菇发菌和出菇可在不同场地进行，称两场制。两场制栽培的优点：一是有利于创造发菌期和出菇期的各自生长发育条件，便于管理，利于高产稳产。二是有利于控制病虫害的发生与发展，保证食品安全。

（1）**出菇棚使用前处理** 大棚使用前的处理非常重要，处理的是否得当关系到栽培的成败，是病虫害综合防治的重要关键环节。大棚使用前首先要清除杂物，平整土地，需要浇水的，要把水浇透，待水渗下，表面干燥后再进行其他工作。首次用于栽培的大棚，可进行 1 次灭虫处理，用 5% 氟虫腈 1 000 倍液喷雾，喷至地面和墙壁潮湿即可，然后密闭 72 小时，最后在地面撒一薄层石灰粉即可达到消毒目的。如果是连年使用的菇棚，需要连续灭虫 2 次，两次之间间隔 3 天，除地面撒石灰之外，墙壁还要用石灰浆、波尔多液或石硫合剂喷涂，有条件的可通入蒸汽进行高温、高湿杀菌灭虫。

（2）菇棚（房）消毒　在一个周期的栽培结束后和大生产前要进行菇棚（房）消毒，杀死栽培环境中的杂菌和害虫、害螨，净化栽培环境，不仅能收到事半功倍的效果，而且可以在整个出菇期不用或少用农药，生产安全的食用菌。生产中在菌丝生长期和出菇期禁止应用甲醛、硫黄和敌敌畏等药剂进行菇棚（房）消毒。

①熏蒸消毒　熏蒸时要求菇房密闭时间不少于24小时，熏蒸在20℃以上的条件下进行，可提高灭菌杀虫效果，先在墙壁、地面及床架上浇水预湿，然后进行熏蒸效果好。

硫黄熏蒸：硫黄燃烧产生二氧化硫，对杂菌有较强的杀伤能力。熏蒸时若增加空气湿度，二氧化硫和空气中的水结合为亚硫酸，能显著增强杀菌效果。方法是每立方米用15克硫黄，先将菇房密封好，将硫黄粉放在盆钵内加一些木屑，然后点燃密闭熏蒸24小时，即可杀死病菌和害螨。

甲醛、高锰酸钾熏蒸：每立方米用40%甲醛8～10克、高锰酸钾4～5克，将菇房密封好，取一罐头瓶先将高锰酸钾倒入瓶内然后加入甲醛，人迅速离开，关门密闭24小时。甲醛杀菌力强，杀虫效果较差

敌敌畏熏蒸：敌敌畏有80%乳油和50%乳油，对菇类常见害虫如菇蝇、螨类均有良好的防治效果。平菇子实体对敌敌畏很敏感，在出菇前后应避免使用，以免产生药害。

硫黄、甲醛、敌敌畏熏蒸：每立方米用硫黄粉10～12克、甲醛8～10毫升、敌敌畏1～2毫升，方法是先密封好菇房，取一只旧铁锅，分别将甲醛、敌敌畏、硫黄倒入锅内，再加入适量木屑与药剂拌匀，点燃后人立即离开，关门密闭24小时。

②喷雾消毒

克霉灵喷雾：用高浓度（0.1%～1%）克霉灵对菇房四壁、立柱、架板喷雾进行重点消杀；用低浓度（0.02%～0.05%）克

霉灵喷雾进行空间杀菌降尘。克霉灵喷雾可以结合给水加湿反复进行，不会对菇体产生毒害作用。

漂白粉喷雾：用 1 千克漂白粉加水 30 升喷雾，具有较强的杀菌力。溶液要随配随用，否则会降低杀菌效果。漂白粉有腐蚀性，操作时要注意防护。

波尔多液喷雾：用硫酸铜 1%、石灰 3%，加水配制成 1% 波尔多液，每 100 米 ^{2} 喷 25 千克。

（3）**出菇棚使用后处理** 平菇出菇棚在每一个栽培季节完成后，必须进行消毒和灭虫处理。平菇在生长发育过程中，有多种杂菌和虫害的发生，棚内有可能积累了多种有害生物。因此，需对使用后的菇棚做如下处理：

①揭棚暴晒 正常情况下，出菇结束后马上将棚内的杂物清扫干净，揭棚晾晒，直到下茬菇入棚前再将菇棚盖好。暴晒的目的一方面使棚内有害生物随风扩散，种群密度变小；另一方面干燥和紫外线可以杀死霉菌等主要危害平菇生长的杂菌。

②消毒 用石灰水喷洒或涂抹进行消毒。石灰是强碱性物质，对危害平菇的多种霉菌具有很好的杀灭和抑制作用，而且属于非化学合成物质，对环境无污染。病害严重的菇棚可密闭硫黄熏蒸，一般用量为 15 克 / 米 ^{3}。

③更换表层土 连年栽培数潮平菇的大棚，地面会有较多的有害生物和有害物质积累，影响下茬食用菌的生长，尤其对发酵料半开放栽培的影响更大。更换表土层的方法是挖掉 10～15 厘米深的表土，更换成干净的新土，对于减少下茬平菇病虫害的发生有显著的效果。

④杀虫 病虫害发生严重的大棚，清棚前要密闭杀虫。可用 5% 氟虫腈悬浮剂 1 000 倍液喷雾，每 100 米 ^{2} 大棚用原药 1.5～2 克，注意对缝隙、墙角等处的喷洒，保证灭虫无死角。喷药清理棚内杂物，喷药后密闭 3 天后。必要时可以进行二次灭虫。

（4）**阳畦菇床消毒** 阳畦栽培，在整好菇床未下料前，可在

地面铺一层干草点火燃烧，之后再铺料播种。也可在整好的床面上撒一层石灰，这对防止土壤中的病菌和害虫、有害动物有重要的作用。

（5）床架及用具灭菌杀虫　菇床的竹木架及菇房内的用具往往带有许多病菌和害虫、害螨，生产结束后，应先将可拆的竹木架放入水池里泡 10～15 天，然后洗刷干净并放在阳光下暴晒，干燥后再搬进菇房。不能拆洗的部分，可用 5% 石灰水涂刷，或用 3% 火碱水洗刷。

二、生产设备

栽培平菇除了具备出菇设施外，还需要一些生产设备，主要包括配料设备、装料设备、灭菌设备和接种设备及工具等。

1. 配料设备

包括切片机、粉碎机、搅拌机、翻堆机、拌料机。

（1）切片机　把木材、树木枝桠切成小片，是木屑培养料粉碎的预前处理设备。

（2）粉碎机　用于木片、秸秆、野草等物料的粉碎，将其粉碎成一定大小的碎屑。

（3）搅拌机　用于将培养料搅拌均匀的机械，以替代人工用铁锹搅拌。

（4）翻堆机　用于培养料堆肥发酵作业的机具。

（5）拌料机　多为连续作业型，即在进料口上方设置一水龙头，按进料速度及数量调控水流大小，之后人工进料，连续作业。

2. 装料设备

有简易式装袋机和冲压式装袋机 2 种。

简易式装袋机是利用电动机带动螺旋状轴将培养料从出料筒中排出并装入塑料袋内，不同大小出料筒的装袋机，适宜不同规格的塑料袋装料，可用于折径为 15 厘米、17 厘米、20 厘米、

22～24 厘米的塑料袋装料。装袋机还可更换不同大小的料筒和螺旋状轴。

冲压式装袋机是将培养料压入料筒内，然后进入出料筒内，利用向下压作用将培养料压入套在出料筒的塑料袋内。此种装袋机还可与拌料机和输送培养料装置连接，进行全流程自动化作业。

3. 灭菌设备

有高压灭菌锅和常压灭菌设施等。

（1）高压蒸汽灭菌锅 高压蒸汽灭菌锅有手提式、卧式和直立式 3 种类型，可利用各种热源加热，能耐较高的蒸汽压力，具有灭菌时间短、效果好、能源消耗少等优点。手提式高压灭菌锅，主要用于母种灭菌；卧式电热灭菌器和直立式大型灭菌锅主要用于原种和栽培种灭菌。

（2）常压蒸汽灭菌设备 常压蒸汽灭菌设备一般有灭菌灶、灭菌槽、灭菌包 3 种，具有容量大、结构简单、成本低廉、可自行建造或组配的优点，适于大批量栽培种或栽培料的灭菌处理。缺点是灭菌时间长，能源消耗量大，易发生灭菌不彻底的现象。

灭菌灶、灭菌槽、灭菌包的蒸仓与蒸汽产生装置由一体走向分离，蒸仓容积由恒定变成可变，这些影响热量分布的要素变化必然引起灭菌效果的变化。所以，为保证良好的灭菌效果，必须注意：配置大产汽量的锅炉；在投料量相对不变的情况下，通过灭菌效果观察，形成特定灭菌设施的灭菌时间常数；不能为加快投产速度，盲目增加灭菌料量；槽内菌袋间温度保持在 95℃～102℃之间。

①灭菌灶 灭菌灶是在灶上安放大铁筒或直接在锅台上用水泥、砖和钢筋建造而成。建灭菌灶的地基要用灰土夯实，且地势要高，以防因自重和透水变形裂缝。灭菌灶分上、下两部分，下半部分为灶位，安放铁锅 1 口，灶前设进火口和通风口。灶内直立顶砖支撑锅沿，灶门和灶膛最好用耐火砖。灶台用砖垒实，灶后设烟囱，灶台上四周起 24 厘米厚墙，围成蒸仓。蒸仓外径一

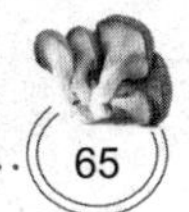

般2米见方，内壁用水泥抹平抹严，以利密闭和蒸汽流通。壁墙一侧开门，门框固定在墙上，框上预留螺栓孔，用以固定活动门。蒸仓高1/3处开1个小孔，放1支温度计，以便掌握蒸仓内温度情况。于锅沿水平位置设1个“Z”形铁管，供补水之用。蒸仓顶端中心插1个细水管，作为排气口。灭菌时，锅体内冷空气和过量蒸汽通过排气孔泄出。蒸仓内应有分层的蒸屉，供排放菌袋（瓶）。

②灭菌槽　灭菌槽是蒸仓与蒸汽发生装置分离，是蒸仓固定的常压灭菌设施。灭菌槽是用水泥、砖砌成的长方形或方形蒸仓，蒸汽发生装置是常压或高压产汽锅炉，两者用通气管相连。灭菌槽底高于周围地面且略呈坡形，在地势稍低一端的墙上预埋6分或4分铁管，作冷水冷气泄孔；地势稍高的一端预埋带阀门的1寸铁管，作水蒸气入孔。槽底用砖平铺成12厘米大小的“鼠洞”，作蒸汽通道和存留冷水之用。槽顶不封或半封顶，敞开的地方用塑料薄膜和长方形木板盖严。为便于装料出料，一般是1个锅炉带2个灭菌槽，轮流使用。通常体积3.5米^{3}的槽可容纳1吨干料。常压灭菌槽的使用及灭菌效果检查与灭菌灶相同，最好是装袋时埋入耐压温度计探头，表盘固定在适宜位置，以随时观测料温变化。此外，类似灭菌槽的设计还有灭菌室，灭菌室封顶，侧开大门，多层架铁车装栽培料袋，码放或移动菌袋甚为方便。

③灭菌包及其组建　灭菌包是蒸仓与蒸汽发生装置分离，蒸仓敞开的常压灭菌设施。灭菌包是用塑料薄膜、苫布临时包裹成的蒸仓，蒸汽发生装置是常压或高压产汽锅炉，两者用通气管相连。灭菌包底是用砖、架板在地面上铺成的平台，上面再衬一层塑料编织袋，铺设时留有孔道便于蒸汽流通。灭菌包装填物料时，先把部分菌袋立着装入大编织袋内，扎住口，一袋一袋沿灭菌包底外沿垛成围墙，里面空间再摞放菌袋，最后用塑料薄膜苫布盖严。苫布四边各用长杆卷起，固定在地面上。包的四角各预埋1根橡胶软管自包底引出包外，作冷汽泄孔。灭菌包的容积以

容纳 2 吨干料为宜，一般体积为 4～6 米^{3}大小。灭菌包的使用、温度监测及效果检查与常压灭菌灶相同。

4. 接种设备及工具

接种设备有接种箱、接种净化机、超净工作台等。接种箱多为木制品，两面安装透明玻璃，为接种操作专用，适宜投资较小的企业使用。接种净化机采用高压电极等电子原理研制的新型净化机，开机 10 分钟后即可开始接种操作，适宜各类企业应用。超净工作台是一种通过空气过滤除掉杂菌孢子，并以微风状态使接种环境自始至终流动无菌空气的接种操作专用设备，多用于配备实验室或试验操作，价格较高，适于大中型菌种企业采用。接种工具主要有接种钩、长柄医用镊子、酒精灯等常用工具。

第五章

平菇栽培原料与配制

一、主要原料

平菇栽培主料是指在栽培基质中占数量比重大的营养物质，简称主料。主料是以碳水化合物为主的有机物，为食用菌提供碳素营养，是菇类主要的能量来源和菇体构成成分。

适合栽培平菇的原料非常广泛，原则上不含有毒有害物质和特殊异味的农林副产品都可以作为培养料，一些富含木质纤维素的野生材料也可作为培养料。目前，生产上最常用的原料有棉籽壳、玉米芯、锯末、木屑、棉秆、大豆秸、花生藤、花生壳、大豆荚、废棉、糠醛渣、菌糠（种植金针菇、杏鲍菇、白灵菇的菌糠最好）等，其中以棉籽壳和玉米芯应用最广泛。糠醛渣使用前要进行暴晒，杀灭活性生物，消除有害物质后才能使用。棉秆、大豆秸、花生藤、花生壳、大豆荚等必须经粉碎处理后才能使用。

1. 棉 籽 壳

棉籽壳是棉籽加工榨油后的副产品，是由籽壳和附在壳表上的短棉绒，以及少量混杂的破碎棉籽仁组成。棉籽壳以色泽灰白色、含绒量不过多、手握稍有刺扎感，并发出“沙沙”响声的原料为好。据分析，棉籽壳含有多聚戊糖 22%～25%、纤维素 37%～39%、木质素 29%～32%、碳氮比为 79～85∶1，具有质量稳定、结构疏松、透气性好、使用方便等特点，是栽培食用菌的最佳原料，产菇率一般为 80%～120%。

2. 玉 米 芯

玉米芯也是栽培平菇常用的原料之一，含有丰富的蛋白质、糖和纤维素，它的组织较为疏松，透气性好，但间隙较大，吸水性高，可配合棉籽壳或锯木屑等原料使用，种植产量较高。玉米芯要求无结块、无霉变。

3. 锯末（木屑）

锯末、木屑中作栽培原料时，可堆于室外 30 天以上，经日晒雨淋，使其中的树脂、挥发性油及有害物质完全消失后使用。当使用针叶树的木屑作原料时，应在自然条件下自然堆积发酵 6 个月以上，使松油类物质分解，分解后闻不到松油味后，方可作栽培原料使用。

二、主要辅料

栽培辅料是指栽培基质中配量较少的用于提高氮素含量、改善化学和物理状态的一类物质，简称辅料。常用的栽培辅料可分为两类：一类是天然有机物质，如麸皮、米糠、玉米粉等；另一类是化学物质，以补充氮素为主的有尿素、硫酸铵、磷酸二铵等；以补充矿质营养为主的有磷酸二氢钾、硫酸镁、过磷酸钙等，以调整料的酸碱度为主的有生石灰、硫酸钙、碳酸钙等。

1. 米糠和麸皮

应尽量选择新鲜无霉变的使用，陈旧的麸皮或米糠营养价值低，而且极易滋生螨虫，造成种植失败。

2. 糖和玉米粉

应慎重添加，一般高温季节栽培不要添加，以免造成杂菌感染。

3. 尿　素

添加尿素的目的是补充氮素的不足，提高产量，用量一般为原料干重的 0.3% 以下。添加量过高时，不仅对菌丝有伤害，还会

造成菇体生理失水，萎缩黄死，尿素中的氮只有被分解成尿胺态的氨，平菇菌丝才能吸收利用，这个分解过程一般需要4～5天时间，尿素分解过程中会放出氨味，氨味较重时对菌丝生长有影响。

4. 复合型化肥

生产中有人使用三元复合肥、钙镁磷肥、钙磷复合肥等复合型化肥作辅料，但是由于这些肥料常伴有一定含量的铅、镉等重金属，用作食用菌栽培基质的添加剂常会导致产品的重金属超标。因此，建议不要使用这些复合肥料作辅料。

三、栽培料的配制

1. 配制原则

（1）碳源与氮源合理搭配 具体组配时，应以棉籽皮配方为依托，根据替换料的营养情况增删含氮辅料。含氮辅料的选用本着有机料为主、化学料为辅的原则，化学辅料尽量少用，并注意使用方法，以防止氨害。

（2）软硬搭配 一般质地软的料纤维素含量多，质硬的料木质素多，二者搭配既能解决软质料菌丝生长期菌袋坍塌，又能解决子实体生长期营养供给乏力的问题。

（3）粗细搭配 细度小的料透气性差，颗粒大的料透气性好但易失水干结，二者结合，即可形成透气、保水利于菌丝生长的环境。

（4）按化学性质搭配 按化学性质合理搭配，以防产生毒副作用。例如，石灰和磷酸二铵同时使用，会有明显的氨产生，将危害菌丝的正常生长；栽培料中尿素添加量超过0.5%，尿素受高温影响分解释放氨，受菌类的催化降解也释放氨，从而危害菌丝正常生长。

2. 安全质量要求

平菇栽培料的安全质量要求包括水、主料、辅料和添加剂4类，采用覆土栽培时还包括对土的要求。要求使用符合生活饮用

水标准的水，工业废水、污水、河水、河塘水都不可使用。在没有自来水的山区，当地的山泉水非常干净，经有关部门检验符合生活饮用水标准可以使用。主料不可使用桉树、槐树、苦楝树等含有有害物质树种的木屑；主料和辅料均不能使用产自污染农田的材料。添加剂要尽可能少使用，必须使用时一定要做到不使用成分不明的混合添加剂、植物生长调节剂和抗生素。采用覆土栽培时，不能从被污染农田取土作覆土材料。

按照国家规定，禁用农药有甲胺磷、对硫磷、甲基对硫磷、久效磷、磷胺、甲拌磷、甲基异硫磷、特丁硫磷、甲基硫环磷、治螟磷、内吸磷、克百威、涕灭威、灭线磷、硫环磷、蝇毒磷、地虫硫磷、氯唑磷、苯线磷等。平菇等食用菌主要作蔬菜食用，专用农药较少，多年来基本参照蔬菜使用的农药。因此，凡是蔬菜禁用农药不得在食用菌培养基质中使用，这些农药包括苏化203、内吸磷、杀螟威、甲胺磷、异丙磷、三硫磷、氧化乐果、磷化锌、氰化物、氟乙酰胺、砒霜、杀虫脒、氯化乙基汞、醋酸苯汞、溃疡净、氯化苦、五氯酚钠、二氯溴丙烷等。熟料栽培的原料中不允许加入任何杀虫剂和杀菌剂，生料和发酵料栽培的原料，可使用高效、低毒、低残留的农药。

3. 常用配方

木屑、棉籽壳、废棉、稻草、甘蔗渣、玉米芯、玉米秸、花生壳、豆秸粉等原料，任用其中一种均可栽培平菇。但要获得高产优质的栽培效果，则应添加适量麦麸、米糠、石膏、过磷酸钙等辅料。平菇栽培料的常用配方有如下几种。

（1）棉籽壳为主料配方　①棉籽壳100千克，石灰3千克，石膏1千克，水适量（适宜高温季节）。②棉籽壳100千克，麸皮5千克，石灰4千克，石膏2千克，水适量（适合低温季节）。

（2）玉米芯为主料配方　①玉米芯100千克，石灰3千克，尿素0.3千克，石膏4千克，过磷酸钙1千克，水适量。②玉米芯100千克，麸皮10千克，三元复合肥8千克，石灰5千克，

石膏1千克，水适量。

（3）**木屑为主料配方** 阔叶树木屑80千克，麸皮20千克，石灰2千克，水适量。

（4）**稻草为主料配方** 稻草80千克，麸皮或米糠15千克，钙镁磷肥3千克，石膏1千克，水适量。

（5）**豆秸为主料配方** 粉碎豆秸100千克，尿素0.3千克，石灰3千克，石膏1千克，水适量。

（6）**混合料配方** ①玉米芯100千克，棉籽壳30千克，尿素0.5千克，石灰3千克，水适量。②玉米芯40千克，棉籽壳40千克，麸皮15千克，石灰2千克，水适量。③菌糠（金针菇、杏鲍菇、白灵菇）70千克，棉籽壳或玉米芯30千克，石灰3千克，水适量。④棉籽壳80千克，玉米芯20千克，石灰2千克，石膏2千克，水适量。⑤豆秸40千克，玉米芯40千克，麸皮或稻糠15千克，钙镁磷肥3千克，石灰3千克，石膏1千克，水适量。⑥粉碎麦秸或玉米秸100千克，石灰15千克，尿素0.5千克，过磷酸钙1千克，水适量。⑦稻草66千克，豆秸30千克，石膏1千克，尿素0.5千克，石灰2.5千克，水适量。⑧稻草45千克，玉米芯45千克，麸皮4千克，过磷酸钙2千克，石膏1千克，尿素0.5千克，石灰2.5千克，水适量。

平菇栽培主料主要分为木本材料和草本材料两大类，栽培材料不同其风味和口感也不同。例如使用木屑为主料，能保证平菇特有的风味和质地。使用秸秆和棉籽壳栽培，风味和口感较差。栽培料配方对出菇的早晚、产量和污染的发生有重要影响。配方中麦麸、米糠、玉米粉、氮肥等添加过多时，发菌虽然加快，但是出菇会推迟，或出畸形菇，严重时甚至不出菇。另外，大多数霉菌生长需要较高的氮含量，氮源过多，栽培袋的污染率会大大增加。因此，栽培料中提高氮含量的辅料不要添加过多，例如以木屑为主料时，添加20%～25%麦麸或米糠已经足够，无须再添加化肥。棉籽壳的含氮量高于木屑，使用时加入5%左右的麦麸或米糠也足以满足获得高产的养分要求。可见，配方中并非营养越丰富越好，而是营养均衡最好。

4. 栽培料的含水量

（1）计算方法

栽培料含水量计算公式：

含水量（%）＝（加水量＋栽培料自身含水量）÷（栽培料总重＋加入水量）× 100%

例如，100 千克栽培料加水 100 升，计算含水量。

含水量（%）＝（100+13）÷（100+100）× 100% ＝ 56.5%

说明：一般栽培料本身含水量为 10%～13%，本例以含水量 13% 计算，即 100 千克栽培料内含水 13 升，加入 100 升的水后料的总重量为 200 千克，其中水为 113 升。

为了方便菇农操作，将计算好的栽培料含水量列表对照（表 5–1），供参考。

表 5–1　栽培料含水量对照（以栽培料含水量为 13% 为例）

加水量（100 千克干料计）	料水比（料:水）	含水量（%）	加水量（100 千克干料计）	料水比（料:水）	含水量（%）
75	1 : 0.75	50.3	115	1 : 1.15	59.5
80	1 : 0.8	51.7	120	1 : 1.20	60.5
85	1 : 0.85	53	125	1 : 1.25	61.3
90	1 : 0.9	54.2	130	1 : 1.30	62.2
95	1 : 0.95	55.4	135	1 : 1.35	63
100	1 : 1	56.5	140	1 : 1.40	63.8
105	1 : 1.05	57.5	145	1 : 1.45	64.5
110	1 : 1.10	58.6	150	1 : 1.50	65.5

（2）测定方法　平菇栽培料适宜的含水量为 65% 左右，拌料时干料与水分的添加比例为 1 : 1.2～1.3。检测栽培料中含水

量的简单方法是：用手握住拌均匀的栽培料，手指间无水滴下落，松开后手掌间潮湿，抛到地面后散开，即说明栽培料中的水分适宜。如果栽培料中水分偏少，基质中的营养难以吸收和转化，菌丝难以萌发；如果栽培中的水分偏多，栽培料缺氧，会抑制菌丝生长，同时也易引发杂菌感染，导致发菌失败。另外，在高温季节栽培时，可以适当降低栽培料的含水量，以减少发菌期间的杂菌感染，出菇期可根据情况再适当补水。

5. 栽培料的处理方法

平菇栽培料的处理方法有生料处理法、发酵料处理法、熟料处理法、堆制诱发处理法 4 种。

（1）生料处理法　将原料按配方拌匀后，直接装袋栽培，此法适宜于秋、冬气温较低季节使用。工艺简易，投资少，便于推广。为了提高生料栽培的成功率，需在选用新鲜无霉变原料的基础上，适当添加杀菌剂和杀虫剂。通常在料中拌入 0.1%的 50%多菌灵可湿性粉剂和 0.1%的 80% 敌敌畏，并适当加大用种量。

（2）发酵料处理法　将原料按配方拌匀后，堆积在一起，利用原料内大量微生物产生的热量，使料堆内的温度升高至 60℃以上并保持 24 小时左右，可杀死原料内的害虫（包括虫卵）和青霉、曲霉、木霉、毛霉等常见杂菌。同时，栽培料在发酵过程中能够产生有益菌，利于平菇菌丝腐生发菌。生产中只要掌握了简易的堆料技术，就可以在不消耗能源、不添加灭菌设备的前提下，达到净化原料、减少杂菌污染的目的。

（3）熟料处理法　将原料按配方拌匀后装袋，经过常压或高压灭菌后进行接种。此方法安全可靠，适合于工厂化生产。但熟料栽培费工、费时，消耗能源，大规模露地种菇较难采用。

（4）堆制诱发处理法　将原料按配方拌匀后，先堆制升温至 40℃～45℃，诱导孢子萌发，然后进行常压灭菌。是集堆制发酵消毒与常压蒸汽灭菌优点于一身的栽培料灭菌新技术。

第六章

平菇栽培关键技术

一、平菇标准化生产

1. 标准化生产的概念

平菇标准化生产是指针对平菇的特性，在生产、加工、包装以及贮运过程中，严格按照有关国家标准和行业标准，以及参考进口国的标准，制定出的一系列平菇产品质量卫生安全的生产、检测及评价规则。目前，我国已制定出的平菇相关标准有NY 5099—2002《无公害食品　食用菌栽培基质安全技术要求》GB 19172—2003《平菇菌种》、NY 5096—2002《无公害食品　平菇》等，在生产过程中，须严格按照已制定的相关标准进行。平菇产品标准分为无公害食品、绿色食品和有机食品，都属于平菇产品质量安全范畴，都是产品质量安全认证体系的组成部分。无公害食品是保证人们对食品质量安全最基本的需要，是最基本的市场准入条件；绿色食品达到了发达国家的先进标准，满足人们对食品质量安全更高的要求；有机食品则又是一个更高的层次。无公害食品是绿色食品和有机食品发展的基础，而绿色食品和有机食品是在无公害食品基础上的进一步提高。因此，平菇生产最低的标准是要按照无公害食品要求进行。供出口产品，还须按照进口国家和地区的标准生产。

2. 标准化生产的内容

平菇生产标准化最终目标是产品质量达到无公害的基本要求，为了保证产品质量，在生产的每个环节都要按照相关标准进行，即产前、产中和产后都要符合相关标准。各个生产过程都是相辅相成的，只要某一项没有按照标准化进行，最终产品质量也不易达到标准。因此，标准化生产不是单一的产品标准，而是一项综合的标准技术体系，每一个生产环节都要按照相关标准进行生产操作。

（1）生产环境标准化　建造菇房、菇棚的地址要求地势平坦、开阔、干燥、通风良好、排灌方便。周围环境卫生，无有害气体、废水、垃圾和农药厂、化工厂、印染厂、电镀厂、皮革厂等污染源和堆肥场等不洁场所，生产用水源符合饮用水卫生标准。使用发酵料栽培的，菇房附近要有足够的场地用来发酵栽培料，且发酵场与菇房至少间隔 100 米，中间应有建筑物或绿化带作间隔，以阻止发酵场的病虫害侵染菇房。

（2）投入品标准化　生产过程中尽可能少地使用化学添加剂，尽量使用石灰、石膏等物理方法制造的添加剂，如不使用成分不清的“三无”产品。

（3）生产过程标准化　选育和引进优良菌种，提供良好的生态条件，病虫害应以预防为主，减少和避免农药的使用。当病虫害发生严重，必须化学防治时，一定要将菇全部采收后再用药，在任何情况下都不能将农药直接喷洒在子实体上。化学防治时，应使用高效低毒药物，而且要待残留期过后再催蕾出菇。

（4）产品及其加工品标准化　产品加工过程中使用各种漂白剂、保鲜剂等添加剂不能过量，并要严格按照使用说明进行操作，杜绝为盲目追求产品颜色而过量使用。

（5）产品包装、贮藏、运输、营销标准化　不同种类食用菌要采取相应的包装、运输方法，鲜品可以采取速冻、低温、调气等方法进行保鲜，干品则要密封包装和运输，尽可能保证干制过程中其营养物质不被破坏。

3. 标准化生产的意义

目前，我国平菇生产多为分散性生产，技术水平参差不齐，没有规范性标准参照。菇房随意修建，原材料任意选择，化肥、农药盲目使用，造成产品中有毒有害物质含量高，产品质量参差不齐，严重影响了产品的商品性。同时，由于国内外产品质量标准不一致，生产出口产品时，还须按照进口国的标准要求进行生产加工。因此，开展平菇标准化生产是保证产品质量的前提，是保证产品出口和增加出口量的关键技术，只有进行标准化生产，才能避免出口产品受到“技术壁垒”的制约。平菇标准化生产的作用有以下几个方面。

（1）利于实施科学管理 无标准生产的后果必然导致盲目发展、无序竞争、产品规格不一、质量不同。实施标准化生产后，有利于统一标准和量化指标，共同遵守同一个条例规范，秩序井然，有利于科学管理。

（2）利于合理利用资源，节省劳动消耗 全国统一按一个标准进行生产，无论内销还是外销产品，都统一规格，这样就可避免因产品质量参差不齐进行二次加工，而消耗大量劳动力。

（3）利于菌种管理和调整产品结构 菌种按照统一标准进行生产、销售，可避免出现同株异名，菌种混乱，致使生产的产品标准不一致。在统一标准前提下，可根据当地原材料和气候条件，确定发展适宜品种，合理调整产品结构。

（4）利于保证产品质量，扩大销售量 标准化生产，可有效控制有毒、有害物污染，生产的产品质量才能保证，产品才可正大光明地进入市场，扩大销售量。

（5）利于消除贸易壁垒，提高竞争力 尽管我国已加入了世界贸易组织（WTO），产品可以自由销往其他国家，但各国为保护其本国食用菌产业，提高了标准，给我国食用菌产品制定出了“技术壁垒”，使我国的食用菌产品出口仍然受到限制。因此，进

行标准化生产，使我国的产品质量标准达到国外的标准，就可有效地克服他国制定的“技术壁垒”，从而增加出口量。

二、平菇主要栽培模式

平菇的栽培模式按培养料的处理方式可划分为生料栽培、熟料栽培和发酵料栽培；按生产场地划分为大棚栽培、林地栽培、地栽和菇房栽培等模式；按生产容器和码放形式可划分为袋栽、床层架栽培、墙式栽培；按季节可划分为春季栽培、夏季栽培、秋季栽培和冬季栽培。

1. 生料袋栽平菇

（1）栽培料配制　按配方将栽培主料、栽培辅料以及水混合均匀。拌料的原则：一是从小量到大量，依次混合，如先把石膏拌入麸皮，再将麸皮撒入摊开的主料上，用铲翻拌后再加水；二是能溶于水的辅料如石灰等，先溶于水再拌入料中，料拌匀后，堆闷2～3小时，即可装袋接种。这种料处理主要适用于新鲜棉籽壳，若配方中部分添加玉米芯时最好堆积过夜，使其质地变软，装袋时不易扎手扎袋。可采用人工拌料、半机具拌料、全机具拌料等。

（2）菌袋制作　接种、装袋同时进行，均要严格按技术操作规程。菌袋一般选用折径22～24厘米、长45～50厘米、厚0.0015厘米的高密度聚乙烯袋，一般为加工好的一端封口的折角袋，用前可做轧微孔处理，方法是每20个袋为一叠，用缝纫机空针纵向轧4道透气孔，透气孔间距1厘米左右。装袋前，把料再充分混拌1次，将菌种掰成红枣至核桃大小备用。料的湿度以用手握料指缝间见水渗出而不往下滴为适中，培养料太干或太湿均不利于菌丝生长。装袋时，一般采用三层料四层菌种层播法，料层分布均匀，菌种尽量贴着袋壁，随装料播种随按实，做到随装袋随拌料，以免上部料干、下部料湿。每个袋的粗细、长短要一致，便于堆垛和出菇。装料时要注意轻装轻压，用力均匀，防止薄膜袋破损。同时，要注意料袋松紧合适，一般以手按有弹性、手压有轻度凹陷、手托挺直为度。压得紧，透气不好，影响菌丝生长；压得太松，则菌丝生长散而无力，且翻垛时易断裂损伤，影响出菇。菌种选用菌丝洁白、粗壮、浓密、交织成块的优质菌种，播种时菌种不宜掰得太大或太碎，以核桃大小为宜。生产中尽量做到当天拌料，当天装袋接种完毕，不要过夜，尤其在高温时，以防料发酵变质。播种量一般占料袋干重的 15%～25%。装完袋后，可在菌袋中间纵向扎直径 1.5 厘米的透气孔，也可直接用铁钉在袋两端扎 7～8 个孔，然后用塑料绳把口扎紧。

平菇生料栽培时，菌种多以麦粒、棉籽壳的基质为主，在接种时要注意：①挖出菌种时要小心，不能把菌种捣得太碎，以免菌丝受伤污染和失去活力。②撒播在床面的菌种要入料中部，利于保水和萌发。③低温期播种要适当增加种量，以缩短发菌时间，尽快长满菌袋。④高温期播种要适当减少播种量，防止产生高温而引起烧菌现象。

（3）菌袋培养 将菌袋放置在干净、干燥、遮光、通风良好的环境中培养。培养温度应控制在 18℃～26℃，发菌温度的管理原则为“前高后低”，前期适宜温度为 22℃～26℃，利于菌种快速萌发；后期菌丝快速生长后，温度应降至 18℃～20℃，有利于发菌整齐，并抑制杂菌生长；注意经常检查菌袋，防止袋内温度超过 33℃而发生烧菌。发现温度过高要及时疏散袋子，使之尽快散热降温。发菌期间空气相对湿度以 45%～60% 为宜，湿度过高，容易引起杂菌感染；湿度过低，培养料中水分容易蒸发，影响菌丝生长。菌丝萌发生长封面后应及时通风，并逐渐加大通风量。温度高于 26℃时应加大通风量，以防高温烧菌，低于 15℃，应减少通风，加强保温。发菌期间要注意遮光，防止强光照射，门、窗、通风口用纸板或厚布帘遮光。发现有污染菌袋应及时将其清除，同时应防止菇蚊和菇蝇钻入袋内产卵危害。

（4）**出菇管理**　当菌丝长满培养料后，要及时将菌袋移到出菇棚内进行出菇管理。出菇温度控制在10℃～20℃，温度过高，可采取遮光、空间洒水、打开门窗和通风口通风等方法降低温度；温度过低，采取减少通风次数，用煤火、电炉、暖气加温，加盖草苫等方法升温、保温。出菇后每天向空中喷水2～3次，并保持地面潮湿，空气相对湿度保持在85%～90%。平菇子实体生长发育对二氧化碳特别敏感，氧气不足和二氧化碳积累过多，子实体易畸形，严重影响产量和质量。因此，子实体生长期间每天要打开门窗和通风口通风3～4次，每次30～40分钟。平菇子实体的生长需要一定的散射光照射，光照强度通常以能看书看报的光线为准。光线过强或过暗均会影响子实体的正常生长。棚室内出菇的应采取覆盖草苫、遮阳网等措施进行遮光。

（5）**预防杂菌污染**　①优选栽培料。生料栽培的原料要求新鲜、干燥、贮存管理好、病菌数量相对较少。如果贮存期限较长，受潮结块的栽培料含病菌数量会比较多，若未经杀菌处理直接用于生料栽培，则极易造成杂菌污染。②选择优质抗性强的品种。③选择适龄的菌种。菌种发满菌立即使用，否则会因菌龄过长，形成很厚的老化菌皮或遇到低温导致种袋大量出菇，使菌丝萌发慢，抗污染能力低、杂菌污染率高。④控制发菌温度。平菇适宜发菌温度为22℃～25℃，温度高于35℃则菌丝停止生长，温度高于40℃菌丝会很快死亡，鬼伞等杂菌就会大量发生。因此，发菌期间应注意及时倒垛，严防高温烧堆。发菌温度低于15℃，平菇菌丝生长很慢，而绿霉菌等杂菌则发生概率高，因此生产中应尽量使菌袋的发菌温度在适宜的范围之内。

2. 发酵料袋栽平菇

发酵料袋栽平菇的生产步骤主要有栽培料发酵、菌袋制作、菌袋培养和出菇管理。其中，菌袋制作、菌袋培养和出菇管理与生料袋栽培平菇方法相同。栽培料发酵方法如下：

（1）**建堆**　建堆场所最好是紧靠菇房的水泥地面，要求排水良好，背风向阳，水源干净、便利。建堆时，将干抖混匀后，按料水比 1∶1.4～1.5 拌匀，然后将料抖松抛落，料堆成宽 1.2 米、高 1 米、长不限的料堆，料堆四周尽可能堆陡一些。堆成之后，用木棒（直径 5 厘米左右）在料堆上插通气孔，每隔 0.3 米插一孔，以利于通气发酵。最后，用塑料薄膜覆盖，或用草苫、稻草覆盖。

（2）翻堆 平菇发酵料多在春、秋堆制，当料堆中、上层温度升至 55℃～60℃时并保持 12～24 小时，进行第一次翻堆。翻堆时须将料抖松，以增加料中含氧量。同时，将料内倒外、外倒内，将上下里外的培养料互换位置，以便培养料均匀发酵。继续堆制发酵，料堆中心温度再次升到 55℃～60℃并保持 24 小时，进行第二次翻堆。翻堆 3～4 次后，培养料开始变色，有酵香味，无霉味和臭味，发酵即告结束。最后用 pH 试纸检查培养料的酸碱度，再用石灰调整 pH 值为 8 左右，待料温降到 30℃下时即可装袋接种。一般全部发酵过程历时 6～8 天。气温较低时可适当延长发酵时间。发酵时间过长，会大量消耗养分；时间太短，发酵不充分，达不到堆料发酵杀灭害虫和害菌的目的。

（3）防虫 栽培料堆制发酵时，常吸引菇蝇、菇蚊、家蝇等害虫在料上产卵，其孵化的幼虫会危害菌丝体的生长。在翻料时可用 80% 敌敌畏乳油 500 倍液，或 20% 除虫菊酯乳油 3000～5000 倍液喷洒，装袋前可拌入 0.1%敌敌畏溶液，以预防虫害发生。

栽培料发酵主要是促进菌物的有氧代谢，在操作中应注意：①料堆要暄，不能踩压拍实。②掌握好水分的添加量。当料堆升温至 55℃～60℃，翻堆时有适量白色菌丝（嗜热放线菌），表示堆料含水适中，发酵正常。翻堆时培养料呈“白化现象”，表示培养料含水太少，应在第一次翻堆时适当添加水分。生产中应在建堆时一次加足水分，中途最好不再加水，若必须补水，应加 80℃以上热水，加水拌匀后重新建堆发酵。③覆膜的作用主要是保湿，为了增加氧气供应，宜把膜支架起来。④如果建堆后迟迟达不到 60℃，有可能是培养料加水过多，或堆料过紧、过实，或因未插孔通气等原因造成堆料通气不良，不利于放线菌等嗜热微生物生长繁殖，致使堆料不能发酵升温。遇此情况应及时翻堆，将料摊开晾晒，或添加干料至含水量适中，再将料抖松重新建堆发酵。⑤装袋时，发酵料不能有氨味；发酵好的培养料要及时使用，以免堆制过久培养料产生游离氨杀伤菌丝，而且持续较高的料温，会使培养料的养分大量消耗。

3. 熟料袋栽平菇

熟料袋栽平菇的生产步骤主要有栽培料配制、菌袋制作、菌袋培养和出菇管理。其中，栽培料配制、菌袋培养和出菇管理与生料袋栽培平菇方法相同。菌袋制作方法如下：

（1）**装袋**　菌袋一般为长 35～45 厘米、宽 18～22 厘米、厚 0.004 厘米的低压聚乙烯或高压聚丙烯栽培袋，两头开口，使用前先用塑料绳将一头绑住。小规模栽培时可人工装袋，装料时应松紧适度，上紧下松保水透气，袋壁不留空隙。用尖头细钢筋或者木棒在料袋中心部位纵向打孔以利通气，袋口扎活结。大规模栽培时常用装袋机装袋，主要采用小型卧式装袋机或立式装袋机装袋，装袋需 4 人操作，1 人向装袋机中上料，1 人在出料筒上套袋装料，2 人扎封袋口。大型专业公司可利用菌袋生产线拌料装袋，一般为二次拌料，水分、营养较均匀。

（2）**灭菌**　将装好培养料的袋子放入灭菌筐中灭菌，一般采用常压灭菌。方法是先向常压灭菌锅内加水，达到水位线后开始装灭菌筐，筐与筐间、筐与灭菌锅壁间留有空隙，保证蒸汽均匀畅通，提高灭菌效果。开始大火猛攻，尽快排尽锅内冷空气，避免假升温现象影响灭菌效果。4～6 小时使锅内料温达到 100℃后保持 8～10 小时，灭火后再闷锅 1 天左右，利用锅体余热继续杀菌。采用简易常压灭菌设备时（蒸汽由炉灶烧水发生，灭菌仓由防雨布覆盖而成），应延长灭菌时间，料温达到 100℃后保持 14～16 小时。有条件的可以采用高压灭菌锅，料温达到

121℃保持2小时。

（3）**接种**　栽培袋灭菌出锅后搬到洁净的冷却室或无菌室内冷却，栽培料的温度降到室温时接种。在无菌室或者接种帐（用薄膜在温室或大棚中隔离出30～40米^{2}的相对密闭空间）中接种，接种前30分钟用2%～3%来苏儿、5%石炭酸溶液喷雾消毒或者打开紫外灯等对接种工具、栽培袋、空气消毒。用0.15%高锰酸钾水溶液擦洗菌种瓶，拔去瓶塞（棉塞）等，用接种钩去掉菌种表面菌膜，掏出菌种，掰成玉米粒大小的菌种块。一般两头接种，先解开栽培袋一头袋口，将菌种放入栽培袋内，用塑料绳绑上袋口，或套上直径8～10厘米的颈圈后再用报纸和胶套将袋口封严。倒过来栽培袋，在另一头接种。接种完毕的栽培袋运到培养室内培养。接种时，操作人员要少说话、少走动，动作要轻、快，以减少污染。

平菇熟料栽培中，接种时要注意防止杂菌进入菌袋引发污染，在菌袋出锅后及时放入干净的房内冷却，接种箱内用消毒剂消毒后进行接种，接种速度要快，接种量以覆盖培养料面为宜，袋口要最好加套环或棉塞，潮湿的棉塞要及时调换，防止棉塞潮湿而引起菌袋污染。

4. 堆制诱发灭菌技术处理栽培料

（1）**工作原理**　堆制诱发灭菌法是集堆制发酵消毒与常压蒸汽灭菌优点于一身的栽培料灭菌新技术。灭菌原理：①是杀菌而不是抑菌，先诱导杂菌孢子萌发，然后再蒸汽灭菌，将料内杂菌彻底杀灭，保证发菌阶段不再污染。②是诱发灭菌不是直接灭菌，灭菌过程包括对杂菌孢子的诱导萌发和灭菌2个阶段。③是堆制诱发而不是堆制发酵，料堆升温主要是促使孢子萌发，不再靠发酵热杀菌，但同时又具有发酵的一些特点，即经堆制诱发和灭菌的培养料得到腐熟软化，降低了料中可溶性糖和氮的含量，减少了杂菌孢子赖以迅速萌发和生长的物质基础。

（2）**处理方法**　培养料的堆制诱发灭菌处理分堆制诱发和常

压灭菌两个步骤进行。堆制诱发类似于自然堆制发酵，但重点在于控温诱导孢子萌发，方法是将拌好的料堆成高 0.8 米、宽 1.5 米、长不限的垛，上盖塑料薄膜保湿升温，即进入堆制升温诱导孢子萌发阶段。当料堆 0.4 米深处温度升至 40℃～45℃时，揭开薄膜上下翻倒混合均匀，然后再堆成原状。以后每隔 24 小时翻垛 1 次，前后翻堆 3 次，即可装袋灭菌。装袋时垛间应留有空隙，以利热气流通。常压灭菌时，当 15 厘米处料温升至 95℃时，保持 1～3 小时（视灭菌量而定，以热透为准），即可停止给汽，短时蒸汽灭菌即告结束。本方法适于平菇培养料的灭菌处理，可开放接种而不被污染，适宜于高温季节和种菇老区，特别是污染严重的地区采用。

三、发菌期管理

1. 培养场地与菌袋排放

菌袋的培养场地可选择在培养室、简易房、塑料大棚、日光温室等场所，要求培养场所干净、干燥，周围清洁卫生。也可以选择在露地培养，露地培养菌袋时要选择地势高、干燥的地方，同时要搭秸秆防阳光直射。菌袋放置前要对培养场所进行杀菌和杀虫处理。

菌袋培养期间温度偏高时常采用间隙式或“井”字形方式排袋。间隙式排放时，袋与袋之间预留 4 厘米间隙，码放 3～5 层，上层菌袋的微孔对准下层菌袋缝隙。“井”字形排袋，是将菌袋交叉叠排。这两种排袋方法，利于散热。温度偏低时常采用间隙式排放，可增加垛高，码放 10～12 层，上面再覆盖秸秆或草苫保温。垛与垛之间还要留出一定的空地，以便翻堆倒垛。

2. 培养环境控制

（1）温度　温度决定菌丝生长速度，即发菌快慢，一般观念上是栽培袋外界的温度，即棚（室）温。同时，菌丝代谢产生热，菌袋内的残存菌物（灭菌不彻底或本来就有的如生料）代谢产生热，使菌袋料可能比棚室的温度高，因此监测袋料温度更具实际意义。另外，应根据室温的变化改变排袋方式和层数，做到温度低能升温，温度高能散热。

（2）湿度　空气相对湿度低于60%适合菌丝生长。当培养室菌袋过多时，将释放过多的呼吸水分，导致空间湿度增大。单纯增加湿度对于菌丝生长无害，但促进了着落在瓶肩部、袋口内壁杂菌的萌发，杂菌以栽培料溶出物为营养，杂菌乘“湿”萌发，顺“湿”而入，造成发菌料的污染。因此，利用菇棚作培养室的，在气温高时更应注意降湿。

（3）通风　菌丝生长吸入氧气，排出二氧化碳，使菌袋或瓶内二氧化碳过高，为消除不利影响，熟料生产的常采用接种时添加棉塞或套环的办法，生料生产的则采用扎微孔的办法，以改善菌袋内外的气体交流。通风可补充室内的氧气不足，降低湿度，但还可改变室内的温度，因此生产中应综合室内外状况决定操作方式。

（4）光照　室外培养的菌袋，应采用搭棚，覆盖草苫、秸秆等方法避免直射光照射。

3. 菌袋培养期间注意事项

（1）调节温度　堆垛发菌后要定期在料袋间插温度计观察堆温，注意堆温变化。发菌适宜温度22℃～25℃，高于28℃，应及时散堆，并加大通风量，防止高温烧坏菌丝和污染加剧。温度低于15℃，应增温保温。

（2）通风换气　菇棚每天应通风2～3次，每次30分钟，气温高时早、晚通风，气温低时中午通风。

（3）控制湿度　发菌期间适当保持室内干燥，空气相对湿度以45%～65%为宜。空气湿度过高，容易引起杂菌感染；空气湿度过低，培养料中水分容易蒸发，影响菌丝生长。在用杀菌剂进行消毒时，尽量用熏剂，少喷雾。

（4）**光线要暗**　发菌期间注意遮光，防止强光照射。弱光有利于菌丝生长。

（5）**翻堆**　堆垛后每隔 5～7 天翻垛 1 次，将下层料袋往上垛，上层的料袋往下垛，里面的料袋往外垛，外面的料袋往里垛，使料袋受温一致，发菌整齐。翻垛时发现有杂菌污染的料袋，应将其拣出；若发现有菌丝不吃料的，必须查明原因及时采取措施进行处理。

（6）**消毒防杂菌**　培养室经常进行通风管理，杂菌则随空气的交换而流动，很难保持培养室的无菌状态，因此培养室的消毒灭菌是一个经常性的任务，同时还要通过正确调控温度、湿度，防止掉落在菌瓶、菌袋上的杂菌萌发，钻入栽培料，造成杂菌暴发。

（7）**预防虫害**　菌丝特有的香味对某些害虫具有引诱作用，栽培料又是一些害虫良好的繁殖场所，因此在栽培袋（瓶）封口处的塑料皱褶、破损菌袋的料内甚至在生料的表面常会黏附有虫卵，生产中在消毒的同时应进行防虫杀虫处理。可在培养室熏蒸灭菌的同时用 0.5% 敌敌畏乳油一同熏蒸，进行预杀虫处理。

（8）**移送菌袋**　当菌丝长满整个料袋后，及时把菌袋移入出菇场地，进行出菇管理。

四、出菇方式及操作要点

平菇常见的出菇方式有袋栽堆垛出菇、泥菌墙式出菇和地栽覆土出菇 3 种方式。袋栽堆垛出菇是将菌袋直接排放在一起码垛出菇。优点是节省劳动力，空间利用率高；缺点是菌袋保湿性较差，失水严重，对产量有影响。泥菌墙式出菇分单排菌袋方式和双排菌袋方式，将菌袋码放一定高度并覆土。优点是保湿性好并能节省空间，产量高；缺点是比较费工，菌袋容易高温烧菌。地栽覆土出菇是将菌袋摆放在畦里覆土出菇。优点是保湿、保温性好，容易获得高产；缺点是占地面积较大，比较费工。

1. 袋栽堆垛式出菇

将长满菌丝的菌袋平排在出菇场地上，堆码高度应根据气温的高低而定，气温在20℃以下时，菌袋堆码高度可达5～8层；气温在25℃以上时，堆码高度不应超过4层，堆垛的长度根据出菇场地而定。层与层之间可用竹竿隔开，垛与垛之间的距离一般为60厘米左右，以方便管理。菌袋摆放好后进入催蕾期管理。

袋栽平菇堆垛式出菇开口方式根据不同的商品菇类型、不同的出菇温度、不同朵型及不同的菌盖大小而有所差异。

（1）松绑口绳 在出菇温度偏高时，可减小开口面或不开口，仅松绑口绳，通过透气孔现蕾出菇。松绑口绳开口方式，可以减少原基形成数量，避免因大朵菇过密形成蘑菇墙，造成垛温、袋温过高而发生烧菌现象。同时，减少原基数量后，子实体朵型变小，菌盖变大；反之，朵型变大，菌盖变小。因此，开口大小还应根据当地市场的需要决定。

（2）“十”或“一”开口 出菇棚内温度偏高，湿度偏低时，仅在袋端面上划“十”或“一”形口，在刀痕处形成菇蕾。这种开口方式，成菇后叶片大、整齐、朵形好，最大的优点是可减少菌袋后期水分的散失。

（3）双“C”打口 沿端面塑袋边缘划2个半圆，形似正反双“C”形。双“C”形接头处不划开，仍保持相连。然后用手轻提袋口，使塑膜与料面形成缝隙，进入新鲜空气。这样，就形成既透气又保湿利于菌丝扭结现蕾的小气候。采用此开口方式，棚内湿度不宜过高，生产中不用另外加水增湿。出菇温度偏低和栽培姬菇、小平菇一般按双“C”形开口方式。

2. 泥菌墙式出菇

（1）操作方法 将出过2～3潮菇或是未出菇的菌袋剥去塑料袋，排成两排，排与排间距10～20厘米，在间距间撒上细土（最好为菜园土或耕作土），同时在菌袋表面也撒一层细土，然后再排放一层菌袋。一般可排放5～8层，层与层之间均用细土覆

盖，最后将最上一层菌袋上的泥土整理成10厘米左右深沟槽状，出菇时在沟槽内注入清水，让水慢慢渗透至底层。这样，各个袋子之间由土层连接在一起，养分、水分可以相互输送，而且菌袋不易失水，平菇的品质和产量均可提高。

（2）管理技术要点　覆土后的5～10天内，出菇棚保持适宜的温度（具体温度可根据所选择平菇品种的适宜出菇温度而定），空气相对湿度保持在85%左右，同时加强通风保持棚内空气新鲜，并给予一定的散射光，昼夜温差保持在10℃以上，覆土后10天左右就会形成大量的菇蕾。菇蕾形成后，增加湿度，每天喷水2～3次，使空气相对湿度达到85%左右；增加通风量，每天通风2～3次，保证菇蕾生长对氧气的需求，防止因供氧不足导致菇蕾分化迟缓和产生畸形菇；给予一定散射光照射，但光线不可太强，否则会加快水分蒸发，影响子实体的正常发育。在菇期管理过程中，除每天喷水保持环境湿度外，还要定期向覆土的菌墙内浇水，以保证菌墙、菌袋内的水分平衡。浇水的时间和浇水量，要根据菌墙上、下层泥土的含水量决定。菌墙上层或下层比较干燥时要及时浇水。泥菌墙式出菇法应特别注意的是垛内温度，外界气温较高时，每天都要检查温度，垛内温度不宜超过24℃，否则应采取降温措施。

3. 地栽覆土式出菇

（1）覆土材料　覆土材料中的有益微生物是刺激菌丝体转化成子实体的重要因素，覆土材料的优劣决定着出菇的时间、产量以及菇体的质量。

①覆土材料要求　一是土壤清洁无污染。应选择没有被污染的菜园土、麦田土、山林土、河泥土或泥炭土，土中不能含有施用过的有机肥和病原菌。二是土壤粒度大小合适、疏松透气。选用田园土时要注意土质的通气性，以利于菌丝生长。土粒直径以粗土1.5～2厘米、细土0.5～1厘米为宜。三是土质应具有较好的吸水和保水能力。草炭土疏松、透气、吸水性好，有草炭土资

源的地区宜采用草炭土；沙质土易于通气，但保水性较差，不宜使用；红壤土黏性强，保水性好，但透气性差，可以在红壤土中掺入10%的砻糠，以增加透气性。

②覆土材料消毒方法　一是阳光暴晒。选择覆土材料后，在硬化地面进行暴晒，随时翻动，使土粒直径保持在0.5厘米以下。或在盛夏休闲期将废旧的温室及塑料大棚设施密闭，把覆土材料放置其中，摊开。用地膜覆盖，保持1个月，利用阳光产生的热量消毒。二是蒸汽消毒。把覆土材料放在密闭的室内，通入76℃的蒸汽处理1～2小时。三是药剂消毒。使用前7～10天，每立方米土用甲醛200毫升兑水1～1.5升，均匀喷在土上，将土堆成一堆，用薄膜将土盖严，密封熏蒸48～72小时，然后掀开薄膜，扒开土堆，让残留的甲醛自然挥发3～5天后使用。

（2）操作方法

①建畦　畦深20～30厘米，宽1～1.2米，长度根据棚的宽度而定，畦间留40厘米宽的过道，以方便操作。建畦后浇水将畦洇透，在畦底及四周喷洒2.5%高效氯氟氰菊酯乳油2 000～4 000倍液和50%多菌灵可湿性粉剂800～1 000倍液，以杀灭害虫和杂菌。

②覆土处理　覆土材料最好选择无污染的菜园土或麦田土，使用前将土块打碎成1.5厘米以下的土粒。在太阳光下暴晒1～2天，用1%～2%石灰水溶液喷湿，使pH值达到6.5～7.5，含水量达到20%左右。结合喷水用2%甲醛与1%氯氰菊酯溶液拌土进行消毒处理，然后覆盖塑料膜堆闷12～24小时，摊晾排尽药味后再进行覆土。

③摆袋覆土　将平菇菌袋脱去塑料袋后平放在畦床内，间隔2～3厘米，用细土填充间隙，菌袋表面先覆粗土，粗土以土粒相互重叠不使菌丝裸露为度，然后用木板轻轻拍平，再覆细土。覆土的厚度要适宜，整个覆土层厚度2.5～3.5厘米，覆土不宜太厚，以免出菇困难，出现畸形菇和土内菇；但也不宜过薄，过

薄菌丝裸露，出菇过密，容易出现长脚菇和薄皮菇。整个过程中都要保证覆土材料的含水量适当，以完全湿透又不黏手为宜。如果过干需要及时加湿，过湿容易造成菌丝走土慢甚至退化、腐烂。覆土后也可以在土面上盖一层稻草或麦秸，既可防止水分蒸发，又能保证土壤透气。覆土后经过 7～10 天，即可出现小菇蕾。

（3）管理技术要点　覆土后，通过每天往地面及覆土的土层上喷水进行保湿，要求覆土层不干燥，但也不积水；菇棚内的空气相对湿度保持 85% 左右；加大通风量，保证菇棚空气新鲜；保持棚内有一定的散射光，但光线不要太强，以避免强光使水分散失太快；调控温度，使菇棚环境温差达 10℃以上，以刺激菌丝尽快扭结成原基而形成子实体。一般情况下，覆土后 7～10 天在畦床上就会形成大量的菇蕾，菇蕾形成后要增加通风量，保持棚内空气相对湿度在 85%～90%。根据天气变化和棚内的湿度情况，每天喷水 2～3 次，通风 1～2 次，保证菇蕾生长对水分和氧气的需求。在每天进行水分和通气管理的同时，要注意观察平菇的生长状态，出现成熟的平菇要及时采收。覆土栽培的平菇，形成的菇蕾多而密集，多呈丛状，整朵菇大，单个菇的菌盖也大，采收时小心地用刀将长成的平菇从菌袋上切割下来，并要尽量避免菇上黏附泥土。一丛菇采收后，要将采菇的地方整理好，将菇柄残茬清理干净后用细土覆盖，土层缺水要及时补水，保持土层湿润。但要注意补水量不要太大，以防水分过多而影响土层的透气性。

五、出菇期管理

1. 出菇阶段的特点

（1）潮湿　即湿出菇，这是出菇阶段和发菌阶段最主要的区别。自然界条件下野生菇是雨后湿热出菇，人工栽培时，平菇子实体会随着湿度的降低而萎蔫，随着湿度的陡降而死亡。

（2）**杂菌** 平菇子实体生长发育期间，遭受某种有害菌物的侵染后新陈代谢受到干扰，在生理和形态会产生一系列不正常的变化，从而降低产量和品质。这种由有害菌侵染寄主引起的子实体病害常会伴随整个出菇过程。

（3）**子实体与菌丝体唇齿相依** 菌丝体处于由瓶或塑料袋封闭的环境中，其菌丝中储存的营养源源不断地流向子实体，但又得不到及时补充。同时，菌丝体与子实体处在同一环境中，当周围的环境不利于菌丝体的生长时，菌丝体的活力降低，甚至感染病害。一些病害常始发于菌丝体，危害子实体，还有一些病害是同时侵染菌丝体和子实体，所以保持菌丝体的旺盛活力是获得高产的前提。保持菌丝体的方法一是改善不良环境因子，二是中途注水和补充营养物质。

2. 环境因素对出菇的影响

（1）**湿度定出否** 在合适的温度范围内，出菇与否决定于空气湿度，出菇原基数量的多少取决于空气湿度的高低。子实体发生阶段的空气湿度有着与生长阶段不同的意义。撑开口的菌袋或瓶，在高湿度作用下，菌丝在料的整个端面扭结，随着湿度的降低，原基形成区域逐渐向端面周边转移，形成层由表层向深层转移，失水板结的料面则很难出菇。湿度对于形成后的子实体，主要是维持菇体从菌丝吸水和蒸腾失水的平衡，不需要过高（>96%）的湿度。菇房过湿，易招致病菌滋生，还可过分抑制菇体的蒸腾作用，蒸腾作用对细胞原生质和营养物质运转有促进作用，所以湿度过大反而使菇体发育不良。

（2）**温度定快慢** 在适宜的湿度范围内，温度决定子实体发育的快慢。人们常用控温的办法去调整销售的黄金档期或货架滞留期。一般高温条件下形成的子实体组织疏松，菇体形态对外界因子的变化反应敏感；低温条件下形成的子实体组织致密，菇体形态对外界因子的变化反应迟钝，生产中初学种菇者，应尽量降低棚内的温度，以保证种植成功。在利用料温调整菇体生长速度的同时，还应防止温度过高而损伤菌丝体活力的状况发生。

（3）**氧气与二氧化碳决定菇体形态**　氧气在空气中所占比例是21%，二氧化碳所占比例是0.03%。菌丝体和子实体的代谢活动吸收氧气，呼出二氧化碳，故菇棚中氧气与二氧化碳浓度不断产生变化。菇棚内氧气充足，菇体的菌盖大，菌柄短；反之，菇棚内二氧化碳浓度过高，则菇体的菌盖小、菌柄长。因此，生产中可以通过通风调节菇棚内氧气与二氧化碳的浓度，以调节菇体形态。

3. 出菇管理关键技术

平菇出菇管理分为催蕾期、桑葚期、珊瑚期和生长期。催蕾期为菌袋长满后到菇蕾形成阶段。桑葚期为形成米粒状原基如桑葚状。珊瑚期为菌柄已出现，菌盖尚未形成期。生长期为菌盖直径达3厘米以上。

（1）**催蕾期**　①每天向菇棚内空间喷水2～3次，或向棚内地面洇水，使空气相对湿度达到85%以上。②开口催蕾，保证有新鲜空气进入料面内，形成既透气又保湿、利于菌丝扭结现蕾的小气候。开口方式有松开绑绳、定位划线、双“C”打口等。③白天气温高时关闭通风口，提高棚内温度；晚上气温低时打开通风口，并掀去棚顶覆盖物，降低温度，使昼夜温差达8℃～10℃。④增加散射光的照射。

（2）**桑葚期**　平菇桑葚期时原基小，抗逆性差，对温度、湿度、光照和通风等条件敏感，所以管理时要注意以下几点：①温度控制，平菇不同品种桑葚期对温度的要求不同，低温品种8℃～15℃，中温品种16℃～24℃，高温品种20℃～28℃。②湿度控制。通过向空中喷雾状水和地面洇水，使棚内空气相对湿度达85%～90%。注意不能向原基喷水，否则会造成原基死亡。③光照控制。给予适当的散射光，避免阳光直射，否则会由于光照过强将小菇蕾晒死。④通风管理。桑葚期需保持空气新鲜，二氧化碳浓度不能过高。因此，需要适当的通风，通风量过大，易造成原基死亡。

（3）珊瑚期　①保持温度恒定减少温差。白天温度高时，可通过增加棚顶覆盖物、喷水等措施降低棚内温度；夜间温度低时，通过关闭通风口等措施增加棚内温度。②保持空气相对湿度恒定在85%～90%，可通过喷水和通风调节，避免棚内过湿或过干。③随着菇蕾的不断长大，通风量越来越大，但不可过于强烈。④保持散射光照，适当的光照可促进原基分化。

（4）生长期　①根据种植品种的温度类型控制棚内温度，在子实体生长的温度范围内，温度越低菇体生长越慢，菇质越肥厚；温度越高，子实体生长越快，菌盖越薄，质量越差。因此，生产中应掌握所种品种的温度类型，控制好棚内温度，这是平菇获得优质高产的关键。②通过地面洇水或向空间喷雾状水，增加棚内湿度，使棚内空气相对湿度恒定在85%～90%。湿度过低则易造成子实体干缩，影响产量；湿度过高，子实体易染病。③平菇属于好氧型真菌，随着子实体发育，对氧的需求不断增加。因此，应根据出菇量的多少、菇体的大小形状、棚温高低、调整通风量。外界风力大时，打开背风向的通风口通风。喷水增湿后及时通风，确保菌盖不残留明水。④白天通过揭盖草苫等覆盖物，调整温度，增强光照，使菇体颜色加深有光泽，菇形端正、肉厚、柄短。

为了保证第一潮菇产量高并且出得整齐，应注意以下几点：①每个菌袋或菇床的培养基播种量要一致。②发菌期的温度要恒定，使发菌速度整齐一致。③发菌期避光培养，防止光的诱导引起陆续出菇。④催蕾期给予8℃～10℃的温差刺激，促进菌丝由营养生长向生殖生长阶段转化。⑤出菇期保持适宜而且恒定的出菇温度。

4. 协调温度、湿度与通风的关系

（1）温度控制　平菇最适合出菇温度为10℃～22℃，温度过高或过低均不利于子实体生长。当菇棚温超过30℃时，要考虑采取降温措施，具体做法有：通过在棚顶上加一层草苫等覆盖物加厚棚顶的遮阴物；在棚内挖排水沟，浇入流动的水；在棚顶外面增加遮阳网，并通过往遮阳网上喷水，形成水帘；在高温

季节每天早晨7时至晚上8时之间关闭通风口。冬季加温时，要防止棚内直接烧煤炉而消耗氧气，增加一氧化碳和二氧化碳含量，造成菇体中毒、变色或畸形。可在菇棚外烧炉子，再用暖气管送暖气至菇棚内加温。有条件的地方可用电加温的方式，这样既不消耗菇棚内的氧气，也不产生一氧化碳和二氧化碳等废气，保持菇棚清洁卫生；菇棚应定时开门通风换气，排除棚内的二氧化碳等废气，进入新鲜空气以防菇棚内缺氧或废气中毒，引起菇体畸形。

（2）**科学喷水**　平菇菇体中90%以上的水分来自于栽培基质的供应，因此栽培中需要不断地给基质和栽培房的空间提供水分，一般在出菇期菇房的空气相对湿度应保持在85%～90%。由于栽培方式不同，喷水的方式也就不同。覆土栽培平菇，出菇期间菇床上菇多，生长快时要勤喷水和多喷水，保持土粒湿润但不黏糊，空气相对湿度保持90%以上，喷水所用的喷雾器以多头为宜，喷水时以雾化水的方式从空中自然降落，土面不积水，必要时每天喷2～3次。采菇后，菌丝恢复期宜少喷水或不喷水；袋栽平菇主要向地面和四周墙壁上喷水，做到轻喷勤喷，喷水时尽量不要直接对着子实体，要将喷头向上让水自然飘落在子实体上，使子实体表面湿润。喷水次数要根据气候和菇体大小而定，在晴天、温度高、菇体大时，要多喷水，每天喷水3～4次。阴天和雨天，菇体小时，要少喷水或不喷水，每次喷水均要结合进行通风换气，以防菇体表面存水而感染病菌。

（3）**通风管理**　通风是温度、湿度、空气调控的总闸门，牵一发而动全身，是影响棚内环境稳定均衡的重要措施，在平菇生产中是一个经常性的工作。通风的核心是利用棚内外温差，以缓慢扩散为主，不带来剧烈变化。通风方法是一靠风口常通，二靠前后侧揭膜补充。具体操作上以“六看六通”为准则，即一看菇多少，菇多多通，菇少少通；二看菇体发育期，生长期多通，珊瑚期少通，刚揭膜可以不通，同时与开口顺序相结合，哪一段菇多就通哪一段；三看盖柄比例，根据菇形调整通风；四看棚温，棚温高时长通，棚温低时短通；五看棚湿及天气，棚内外温差大，冷凝水多时多通，大雾天气长通；六看风向，无风时双侧通，有风时单侧通，不揭迎风口。

六、平菇转潮期管理与菌袋补水

1. 转潮期管理

每潮菇采收后，要进行转潮期管理：①清理料面，剔除死菇、菇根及杂物等。②停水 2～3 天，使空气相对湿度降低至 70%～80%，温度保持在 18℃以上，以促进菌丝恢复生长，蓄积养分。随后喷水加湿，使空气相对湿度 85% 以上，重新进行催蕾期管理，经 7～10 天有菇蕾出现时，再按出菇要求管理。

2. 菌袋补水

（1）补水条件 培养料中含水量 65% 最适宜出菇，低于 40% 时应该考虑补水。具体补水时机应掌握在料面菌丝发白并恢复生长、气温稳定在 10℃以上时进行，气温过高或过低时不宜补水，补水量以略低于装袋时重量的 10% 为宜。一般情况下，出菇期内应向料内补水 2 次。第一次补水时间为头潮菇采摘完毕，第二次为 3 潮菇结束时。准备补水的菌袋应菌丝生长旺盛、浓密、洁白，菌袋菌丝生长稀疏、长势细弱、发黄、料内水分适中、气温降至 5℃以下、培养料内已发生病虫害等，均不宜补水。

（2）补水方法 有压力式补水、浸泡补水法、覆土补水法、垛菌墙补水等。

①压力补水法 用自吸泵连接农用喷雾器，并将喷雾器和平菇专用的补水针相连，补水针一端呈注射用的针头状，另一端与喷雾器的出水皮管相连，将补水针插入培养料内，通过自吸泵压动喷雾器的加压杆，这样喷雾器内的水就会在一定的压力下注射到平菇的菌袋内。一般每袋需插 3 个孔，为了提高工作效率，也可以利用多头式补水器，多个菌袋同时补水。

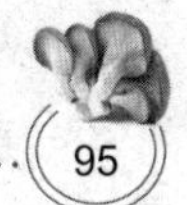

②浸泡补水法　将清水注入水池或盛水的容器内，用铁条在菌袋料面上呈三角形打几个洞，注意铁条要穿透培养料，将菌袋浸入水中，使培养料充分吸水，一般浸泡5～8小时，菌袋吸水后的重量达到装袋重量的90%左右即可。

③覆土补水法　将菌棒脱去塑料袋排在畦内，上面覆盖加有白灰的湿土，使菌棒从畦底及覆土中吸收水分。注意在覆土的前3天，应每天浇水3次，每次要浇透。覆土的优点是既保温又保湿，据统计可增产50%左右。

④垛菌墙补水法　也叫立体式覆土，方法是把菌棒一端脱去塑料袋，脱袋的一端相邻起垛，垛高80～100厘米，缝隙间用湿泥土填充。堆垛时应垛底面大、上面小，以防止垛倒塌，垛上面用土围成水池形状，供洇水时用。垛菌墙补水的最大好处在于有效地利用空间。

（3）补水应注意的问题　①补水用的水一定要干净、清洁无污染。②补水后应提高棚温促进菌丝恢复，棚内温度应为15℃～20℃，棚温过低菌丝恢复的慢；过高容易造成污染。补水初始几天要注意加强通风，待注水时渗出的水蒸发、湿度稳定后，再减少通风，重新进入养菌阶段。③每次注水量不宜过大，应水少勤注；补水量以达到新装菌袋时重量的90%为宜。④根据补水的时机调整养分添加的种类和数量。

（4）补充营养液　平菇菌丝体和菇体生长都需要丰富的营养，在出菇过程中菌丝体的营养转化到子实体当中，出菇量越大菌丝体营养损耗越大，第一潮菇后培养料中的碳、氮等营养明显下降，适当地补充营养液能够保证下一潮菇的产量和快速转潮。生产中补充营养液需要注意以下几点：①不同情况分别对待。要根据栽培的品种和菌丝的生长状况确定是否需要补充营养液，如果温度不超过20℃，菌丝长势良好、无污染则可以考虑添加营养。营养液可以结合补水同时加入。②营养液浓度合适。袋栽平菇可以向菌袋内补水和补肥，具体做法是：将0.5%葡萄糖、

0.2%磷酸二氢钾、0.2%硫酸镁、0.2%硫酸锌溶于水后，注入菌袋内。这样，既补水又补肥，其产量和品质得到进一步的提高。③防止污染。由于添加营养液后菌袋或者菇床的营养含量提高，在食用菌菌丝生长健壮的同时也助长了一些有害杂菌的生长，因此需要密切观察，及时防治。

七、各栽培季节管理技术要点

1. 春季平菇栽培管理要点

（1）发菌期防寒保温 春栽平菇的发菌期一般在冬季，菌丝生长期需要比较高的温度（20℃～26℃），因此菌袋发菌期间应选择保温性能较好的室内培养室，将菌袋集中在室内堆置、码垛。由于菌丝生长产生的热量积累在室内，室温一般可以达到15℃～19℃。若辅助加温，则温度很快会上升到20℃～23℃，有利于菌丝生长。待菌丝长满袋后，再移到出菇场地。如果在室外发菌，要充分利用日光增温，用农膜和遮阳网或草包进行“包被”式覆盖，以起到增温的作用。

（2）出菇期降温保湿 春季平菇出菇阶段气温回升，温度一般在20℃以上，并经常遇到26℃以上的高温袭击，而且日照时间长、强度大，风大，培养料易失水干燥，因此应注意菇棚的降温、保湿和通风。春天日照时间长，晴天水分蒸发量比较大，需每天上午和下午各喷1次大水，保持空气湿润。生产中最好采用泥菌墙式出菇和覆土式出菇法栽培，以减少培养料水分蒸发，防止料面干燥，而且覆土调湿还可以保护菌丝活力。

（3）防治害虫 春季出菇期间，害虫活动频繁，主要害虫有菇蝇、菌蛆、蛞蝓和一些鳞翅目的害虫。这些害虫主要来源于秋季栽培的菇房，以及畜禽棚舍、粪坑、污水沟、杂草等。所以，春季菇场的选择应避开这些场所。栽培前要对菇房内外彻底清理，并用敌敌畏、硫黄密闭熏蒸杀虫。菇房应安装纱门窗、防虫

网。出菇期间，如发现害虫，应在平菇采收后喷洒 2.5% 高效氯氰菊酯乳油 3 000～5 000 倍液。

（4）**勤采收**　春平菇成熟比较快，从菇蕾发生到采收，一般只需 3～4 天。所以，每批菇采收期间隔很近。为了保证菇的质量，最好每天或隔天采收 1 次。春菇的子实体脆而薄，当菌盖展开度达七成即可采收，否则菌盖易开裂影响产品质量。

2. 夏季平菇栽培管理要点

夏季温度高，湿度大，易出现平菇子实体薄、产量低、病虫害多等问题，因此在管理上应注意以下几点：

（1）**选择适宜的品种**　栽培时选用出菇温度为 15℃～30℃的中高温品种。

（2）**设施要求**　出菇设施最好选择防空洞、山洞或半地下菇房。管理上应以降温为主，可搭建遮阳棚（网）、挖排水沟等。

（3）**优化栽培配方**　栽培料配制时，要做到“两低”，即含水量低，营养成分低；严禁添加糖及玉米粉等，并减少麸皮等氮元素的添加量。

（4）**加大接种量**　选择菌龄适宜的菌种，并在接种时加大接种量，促进平菇菌丝尽快形成生长优势，抑制杂菌的发生。

（5）**发菌管理**　菌袋应疏落码放，通风发菌。注意菌袋码放不能太密，切不可堆叠发菌。

（6）**出菇管理**　棚温控制在 28℃以下，棚内地面尽量干爽，喷水宜在早、晚进行，通风应在早、晚或夜里进行。可选择覆土栽培。

（7）**病虫害防治**　坚持“预防为主，综合防治”的原则，菇棚的门窗和通风口处均需安装纱窗，棚内安装黄板和杀虫灯；经常清理菇棚四周的杂草杂物，防止病虫滋生；每次采菇后要顺手清理料面，减少杂菌和病虫的污染。

3. 秋季平菇栽培管理要点

（1）**控制含水量，选择适宜的栽培袋**　根据当地资源选用

栽培料，按配方加水拌匀，含水量约为60%（料水比为1∶10）。早秋栽培，塑料袋不宜宽，这是因为菌袋太宽，菌丝生长热量不易散发，袋子中央的菌丝长势弱，菌丝量少，影响到后期产量。可采用直径17～20厘米、长33～40厘米的塑料袋，一头装料、接种、出菇，进行熟料栽培；采用直径20～22厘米、长40～45厘米的塑料筒，两头接种或三层料四层种，两头出菇，进行生料和发酵料栽培。

（2）**要严格按照无菌操作程序进行灭菌与接种**　秋季制作菌袋时气温比较高，为减少杂菌污染，接种时应注意：①灭菌出锅的菌袋要在1～2天内及时接种，若菌袋久置不接种，会增加杂菌感染率，制袋成品率显著下降。②接种要尽量安排在早、晚或夜间，有条件的可以安装空调，降低接种室温度，能有效地减少杂菌感染。③适当加大接种量，使平菇菌丝在1周内迅速封住接种料面，就能阻止杂菌入侵，提高接种成功率。

（3）**发菌期控制温度**　选择阴凉通风、干燥的培养室排放菌袋。培养室须安装纱门、纱窗。一头接种的菌袋，应立着排放在培养架上，菌袋间要留有空隙，利于菌丝热量散发。尽量选用中下层培养架排放菌袋，通风散热差的顶层架不宜排袋。两头接种的菌袋，一般在地上排成“井”字形，每堆码5～6层。每间培养室的菌袋排放量要减少1/4～1/3，有利于降低培养室温度。发菌期间要注意培养室的温度和通风状况。培养室温度最好控制在22℃～24℃，最高不要超过28℃。可采取在门窗外搭遮阳棚、在墙内外刷石灰水等方法降低室内温度。每天夜晚和清晨开门窗通风，保持培养室空气新鲜。注意经常逐层检查菌袋是否发热，尤其排放在上层与架子里面和中间部位的菌袋，一旦发现菌袋发热，要及时疏散，发现污染的袋子及时剔出处理。一般经15～25天，菌丝可以长满菌袋。

（4）**出菇期保持湿度**　菌丝长满菌袋后1周，排菌袋出菇，两头接种的菌袋，一般码成墙式两头出菇，可在地面铺一层砖

将袋子在砖上逐层堆放 4～5 层；一头接种的袋子，一般立着排放在层架或地上。出菇阶段，菇房温度控制在 22℃，温度超过 28℃，可向空间和料面各喷 1 次重水。使空气相对湿度保持在 90%左右。为减少栽培袋水分蒸发，可在菌袋上面覆盖一层遮阳网，每天向遮阳网上喷 1 次水，这样不仅能提高保湿效果，还可以避免喷水对菌丝的直接损伤。同时，还要注意在清晨、晚间通风换气，以保持充足的新鲜空气。秋季平菇生长快，子实体从现蕾到成熟只需 3～4 天，当菇盖展开度达八成、菌盖边缘尚未完全平展时即可采收，一般隔天采收 1 次。采收前要喷 1 次轻水，可使菇盖保持新鲜干净，还能减少破碎。采收时连基部整丛起收，轻拿轻放，防止损伤菇体。一潮菇采完后，清除死菇残柄，3～4 天后菌丝恢复生长，再进行水分、通气管理，经 7～10 天菌袋表面长出再生菌丝，发生第二潮菇蕾。在出过 3 潮菇后，培养料的含水量严重下降，应及时补水。补水时将菌袋用竹签扎 3～4 个小孔，放入水中浸泡 12 小时，水中加入 0.3%蔗糖，补充营养进行养菌。待菇蕾出现后，按常规出菇方法管理。秋菇栽培周期一般为 3 个月。

4. 冬季平菇栽培管理要点

（1）选择合适的品种　不同的品种适宜不同的出菇温度，冬季出菇的平菇，应选择出菇温度在 8℃～13℃的低温型品种或广温偏低型的深灰色品种。此类品种温度越低菇体正面颜色越深，且不易长瘤；背面菌褶纹细、洁白，整体形状美观，商品价值高。如果选择黑色品种，由于出菇时棚内温度较低，会造成菇体背面颜色污浊，似水渍过，影响销售价格。

（2）控制培养料水分　冬季气温低，菌丝呼吸量降低，消耗的水分相应减少，因此培养料中的水分不宜过大，料水比应控制在 1∶1.25 左右。同时，还应添加多菌灵、百菌净等杀菌剂，抑制发菌期杂菌的发生。

（3）加大接种量　冬季发菌时由于气温偏低，菌丝生长缓

慢，可通过加大接种量的方法，使菌种萌发后尽快地覆盖整个料面，形成平菇正常菌丝生长优势，以抵制杂菌生长。

（4）**监测发菌温度** 为了保持菌袋的温度，可采用垛式堆放，堆放高度6～8层，上面覆盖塑料布、草帘等，使菌袋间温度在10℃～25℃，菌袋间最好插放温度计，随时监测发菌温度。同时，注意每天中午掀开覆盖物通风30分钟以上，以保证发菌环境空气新鲜。接种7天以后，每3天翻垛1次，保证菌袋发菌一致，袋内无积水。

（5）**增加出菇期的光照强度** 光照是增加出菇棚温度的重要方式，光照的强度直接影响着平菇的产量和质量。冬季出菇时，可在每天上午10时至下午4时揭开棚顶的草苫，增加光照，提高棚温。

（6）**减少出菇期的喷水量** 冬季出菇棚内由于温度较低，管理主要以保温为主，通风量较小，棚内的水汽蒸发较慢，因此要控制菇棚内的喷水量。天气晴朗温度较高、通风量较大时，可1～2天喷1次水；否则，可2～4天喷1次，使棚内空气相对湿度保持在85%～90%。生产中切记不能在不通风的条件下喷“闭棚水”，以免造成菇体腐烂而死。

（7）**保证出菇期的空气流通** 冬季出菇时，为了保持棚内温度，通风往往不够。特别是半地下式的菇棚，由于通风不足，会形成菇蕾不分化或菌柄过长、菌盖小的畸形菇。当通风严重不足时，会造成幼菇二氧化碳中毒死亡。因此，冬季出菇棚宜采取短时间、勤通风的方式，即每天通风3～4次，每次不超过30分钟。雾天时，要注意大通风保持棚内空气新鲜；棚内有增温设施时，更要注意通风，以防一氧化碳中毒。

（8）**适时采收加快转潮速度** 冬季培养料的代谢速度比较慢，当平菇长到七八成熟时即可采收，以加快转潮速度。过老、过大采收，因培养料中的养分消耗过多，会造成转潮过慢。

八、其他栽培模式及管理技术

1. 闲置房间栽培平菇

在闲置的房间可采用床架式栽培平菇，要求床架坚固整齐，操作方便。一般床面宽0.6～1米，床架4～5层，上、下层床面相距0.6～0.7米，底层离地面0.3米，床架之间留0.7～0.8米宽的走道。床架多采用竹木结构，有条件的可用铁木结构。床面上铺秸秆帘或代用料，上面再铺上一层塑料薄膜。床架式栽培平菇分栽培料配制、铺料播种、养菌、出菇、采收等几个步骤：

（1）**栽培料配制**　选择干燥、无霉变的原料，按比例配制好并加水拌匀，含水量控制在60%左右，即用手紧握时指间有水珠但不下滴。将拌好的培养料进行堆制，用薄膜、草苫覆盖升温发酵，堆制2～3天后去掉覆盖物，等温度下降至25℃时进菇房铺料。堆制可促使培养料养分的分解和防止培养料上床以后产生高温现象。

（2）**辅料播种**　采用撒播与层播相结合的方法，每平方米投料10～14千克。播种前，先检查菌种有无杂菌污染，并将菌种瓶外部及所用工具用75%酒精或0.1%高锰酸钾溶液进行消毒。然后将菌种从瓶中用铁钩挖出，撕成蚕豆大小块状（不要搓成粉，以免影响发菌），放在盆内待用。用种量最好为培养料的10%，按一层料、一层菌种分层播种（撒播），播种2层，最下层是培养料，最上层是菌种。然后用木板刮平压实，紧贴料面盖一层旧报纸，报纸上撒几根稻草，其上面覆盖塑料膜及草帘，最后插上温度计，每天早、中、晚测温并记录。

（3）**养菌**　播种后温度控制在20℃以上，最适温度为24℃～25℃，一般24小时后萌发出白色菌丝，要求遮光培养。3天后菌丝开始向四周延伸，如果发现料面出现粗细、长短不整齐的白色稀疏菌丝，同时培养料发黑、有酸臭味，就是污染了毛霉和根霉，应尽快揭开薄膜通风降温，并在床面撒石灰粉，提高pH值，消灭杂菌。播种后15～20天，菌丝基本布满料面，并向深层蔓延2/3以上，这时可以开始床面通风换气，每天通风换气1～2次，每次30分钟，但不可在料面洒水。播种后25～30天，菌丝已发展到培养料底层，这时需要揭去旧报纸，将薄膜抬高33厘米左右，室温保持18℃左右，空气相对湿度提高至80%左右；同时，要防止阳光直射和床面干燥，应给予散射光照射，促使菌丝提早扭结。播种后30天左右，菌丝开始扭结成子实体原基，此时要求通风良好，有充足的散射光照，昼夜温差最好在10℃以上；经3天左右，气生菌丝逐渐减弱、倒伏，由雪白色变灰白色，培养料表面形成一层薄菌膜，子实体原基开始形成。

（4）出菇 平菇从播种至菌丝成熟需要30～40天。原基形成期温度控制在20℃左右，空气相对湿度保持在80%～90%。如果培养料表面形成较厚的菌皮，迟迟不形成原基，必须进行搔菌和增加温差刺激；桑葚期时注意保持最适温度、不浇水2～3天；珊瑚期时一部分菌蕾形成子实体，另一部分弱菌蕾萎缩死亡。子实体生长呼吸作用旺盛，必须加强通风换气，温度控制在16℃～22℃之间（根据品种不同，控制不同的温度），空气相对湿度以85%～95%为宜。伸长期，子实体的菌盖、菌柄有了明显区别，可根据培养料和空气湿度进行喷水，每天喷2～3次，以培养料表面不积水为宜，并保持空气新鲜。成熟期，一般从原基形成至子实体成熟需5～7天，当菌盖直径达8厘米左右，边缘由下陷变平展、由平展到上翘，颜色由深变浅时即可采收。第一潮菇采收后，将床面残菇碎片清扫干净，除去老根，然后根据培养料的干湿调好水分，重新盖上薄膜，促进第二潮菇蕾形成。

2. 室内床架式两面出菇

采用室内框架式栽培平菇，在菇床正、反两面同时产菇，可在不增加单位面积培养料、不改变培养料配方和菌种播量的基础上，增加产菇量，并且可提早出菇。

（1）菇床框架结构的设置 在室内用毛竹等材料搭建框架，框架上固定菇床底板。一般框架高2米，设3层菇床，层间距离0.6～0.65米。菇床宽1米，菇床底板用薄木板钉制，每根木条相距1.5～2厘米。

（2）播种 菌种选用适温范围较广的品种。采用层播法，先在菇床底板上铺一层塑料薄膜，其宽度为菇床底板宽度的2.5倍，然后在塑膜上摊一层厚约3厘米的培养料，再摊一层菌种，菌种厚度不超过1厘米，如此方法摊4层培养料和3层菌种后压实，然后在培养基表面覆盖一层浸过水的湿报纸，最后用塑料薄膜裹严整个培养基。

（3）出菇管理 播种30天左右，菌丝体吃料基本完毕。此时用刀片在菇床底板反面缝隙处纵向间断划破塑料薄膜，每段切缝长度不超过15厘米，切缝之间的横向、纵向间距均应大于15厘米。以后每次给菇床喷水时，均要用喷雾器对菇床反面的切缝喷适量水，其他管理同常规。菇床反面第一潮菇收获后，可再用刀划开菇床反面未划过的塑料膜。在整个栽培过程中，菇床反面可采摘平菇2～3潮，产量接近菇床正面的产量。这样，菇床正、反面都能够出菇，提高了平菇产量。

3. 阳畦栽培平菇

利用空闲场地，进行室外阳畦栽培平菇，可节省生产投资，而且生产的平菇菇体大、肉厚、菌柄较短。阳畦栽培的培养料要经过发酵处理，利用堆积发酵的高温杀死生料中的杂菌和害虫。通过相应的栽培措施，创造有利于平菇菌丝生长的良好环境，使平菇菌丝迅速生长占优势，可以有效地抑制杂菌，获得栽培成功。生产中，从选场做畦到发菌期管理的各个环节，都要严格把关，不能疏忽。

（1）堆料发酵 将栽培料按配方比例加水拌匀后在水泥地上建堆，料温达60℃，保持24小时后进行翻堆，翻堆时加入1%石灰、2%石膏、0.2%多菌灵。料温再次升高后再翻堆，含水量

调至 65%（用手紧握料，指间有水珠而不下滴），pH 值为 7.5～8，待热气散发后上床铺料。

（2）**选场做畦**　选择背风向阳、排灌方便、保水性好、环境清洁的场地做畦。畦床呈南北向、宽 80～100 厘米，深度视土壤干湿情况而定。南方多雨水，深 10～15 厘米；北方干旱，深 20～25 厘米，长度不要超过 10 米。畦床四周开排水沟保湿，沟宽 20 厘米、深 30～35 厘米。为了更好地改善菌床保湿和通气条件，畦床中间挖 1 条宽 10 厘米的小沟，每隔 2 米留 1 条横沟。老菇床杂菌多，不能连续使用，应每年更换。

（3）**菌床消毒**　播种前 1 周，对菌床及其周围环境进行清理消毒。可用 70% 甲基硫菌灵可湿性粉剂 500～1 000 倍液或 40% 敌百虫乳油 500 倍喷洒床面，连续喷 2～3 次。喷药 2～3 天后再进料，进料前，在菌床上再薄薄地撒一层石灰。

（4）**播种**　选择适龄、健壮菌种，先将菌种掰成核桃大小的块状（不能过碎），菌种应随掏出随播种，不可放置过夜。采用分层播种法，一般每平方米投培养料 18～20 千克，播种量为培养料的 10%。先在菌床上铺一层 3 厘米厚的培养料，用铁锹拍平后均匀地撒一层菌种，然后再铺一层 3 厘米厚的培养料，用铁锹拍平后均匀地撒一层菌种，然后再铺培养料撒菌种，共 3 层培养料 3 层菌种，最上面一层为菌种。播种结束后，在料面盖一层新地膜，地膜的四周应自然下垂，不能包严封实，以免影响菌床通气。最后在畦边插上竹拱，在竹拱上覆盖一层干净的地膜，菌床两头的地膜不要完全拉下，便于菌床通风。地膜外面再盖草苫遮挡阳光，下雨时将农膜盖在草苫外面，严防雨水淋湿草苫渗入菌床。

（5）**发菌期管理**　①严密注意料温变化，如发现料温超过 30℃，揭去农膜，白天加盖草苫遮阴保温，夜晚再揭去部分草苫降温，使料温控制在 22℃～25℃。②一般播种后 1 周开始进行换气，换气要在清晨或傍晚进行，隔 1～2 天进行 1 次。切忌将地膜揭掉不盖，否则菌床易散失水分，并会感染杂菌。③经常检查床面的染菌情况，若料面出现分散性霉菌菌落，可用生石灰盖在杂菌菌落上，抑制杂菌扩展；床面杂菌已连接成片，则要将杂菌料块挖除，在四周撒上生石灰。带有杂菌的料块要在远离菌床的地方烧毁或深埋。菌丝生长期间，切忌向菌床上喷水，也不能让雨水渗漏进去。一般经 20 天左右，菌丝已在料内长透，并散发出芳香味。此时要增加通风量，可隔天掀动 1 次薄膜。

（6）**出菇期管理**　床面有黄色分泌物出现时是子实体即将形成的前兆，此时应将沟内灌满水，提高菇床湿度，促进菇蕾形成，并调节草苫增加光照。床面有菇蕾出现时，不要急于揭去薄膜，应保持菌床较高的湿度，利于床面出菇整齐。出菇面达到 70%时，即可揭去床面地膜，利用拱形塑料棚保温保湿。子实体生长发育阶段，科学地进行水分、温度和通气等方面的管理，在湿度充足的条件下，菇蕾一般经过 5～6 天即发育成熟。

（7）**适时采收**　秋菇的生长发育较快，适时采收既能保证质量，又能保证产量。一般在菌盖充分展开尚未弹射孢子时即可采收。采收不及时，菌盖边缘向上翻卷，菇体变轻，影响产量和质量。采收时，用手捏住菌柄下部扭转一下，也可用小刀沿菌柄基部割下。采菇时切忌带出培养料，以免影响第二潮菇的发生。

（8）**转潮管理**　平菇第一潮采收后，把床面的残留菇体清理干净，停止喷水 4～5 天，加强通气，使菌丝恢复生长。以后再连续喷几次重水，使床面湿润而不积水，盖好薄膜，保持菌床较高的湿度，约经 15 天，第二潮菇蕾形成。加强管理，可采收 4～5 潮菇。

4. 人防地道栽培平菇

人防地道冬暖夏凉，温湿度稳定，受自然界气候影响较小，生长季节长，可以常年栽培平菇。

（1）**安装通风设备及照明设施**　地道内湿度较大，出菇期间靠自然通风显然不够，为解决通风排湿问题，满足平菇生长对新鲜空气的需要，应安装通风设备。同时，因平菇原生长在“三分阳、七分阴”森林里的枯木上，菌丝在基质内生长不需阳光，而子实体的形成则需要散射光的刺激。为此，地道内上方每隔 3～5 米应安装 1 个 60～100 瓦的灯泡。

（2）**使用前严格消毒** 地道内长期不见阳光，空气流动小，温暖潮湿，霉菌容易繁殖蔓延，因此种菇前应严格消毒。方法是每立方米空间用硫黄粉 10 克、敌敌畏 5 毫升、40% 甲醛 5 毫升，拌和适量干木屑，密闭熏蒸 24 小时，然后开门窗通风，排除有毒气味。或者用 3%～5% 甲醛（煤酚皂、新洁尔灭、石炭酸均可）和 80% 敌敌畏乳油 500 倍液混合喷雾消毒。若是老菇房还要用碱水洗刷床架，用石灰浆粉刷墙壁，这样既可杀菌，又可提高地道内的光照度。

（3）**栽培方式** 可采用袋栽堆垛式墙式栽培，两端出菇。

（4）**出菇方式** 采用两场式出菇方式，即地上养菌、地下出菇。地道温度也会随自然季节有所变化，春、秋季为 13℃～16℃，夏季为 18℃～20℃，冬季为 8℃～10℃（寒冷地区甚至下降至 7℃）。这样的温度范围只适宜出菇，不适合菌丝繁殖，因此应采取地上养菌、地下出菇的栽培方式。

（5）**温差调节** 平菇是变温结实菇类，昼夜温差大，有利于子实体分化。但地道内的温度稳定，昼夜没有明显变化。因此，在平菇子实体分化期，要采取一定的升温和降温措施，加大昼夜温差。地道内不能用炉火升温，以免消耗氧气、积累二氧化碳。可以做一个直径 60～100 厘米的土锅炉，将蒸汽用塑料管导入地道内，或用锅炉余热送入地道内升温。

（6）**光照刺激** 刚发满的菌袋搬入地道后 10～15 天，应控制光照，继续进行暗室培养，室内可用红色灯泡照明。当袋壁上出现黄色分泌物时，打开所有照明灯，每天照射 10～12 小时，给予光照刺激。3～5 天后原基大量形成时，每天照明 3～5 小时。菌盖形成后，为使其保持自然色泽，每天照明 10 小时。

（7）**通风排潮**　人防地道内湿度大，湿度往往达到饱和状态，对平菇生长极为不利，所以，要加强自然通风、电器鼓风，并用抽水机排除地道内的积水降低湿度。注意送风时，切勿直接吹到幼菇上，以防失水死菇。

（8）**适时采收**　八成熟时就应采收，绝不要等到大量弹射孢子时才采收，以免污染环境。采后清理菇床，清扫出菇环境，加强下潮菇管理，这样可连采 3～5 潮菇，确保周年有新鲜的平菇上市。

5. 林地栽培平菇

林地，包括针叶树林和阔叶树林，林地栽培平菇是充分利用森林资源，提高林地经济、生态、社会总体效益的一个新途径。

（1）**林地条件**　阔叶树树龄 5 年以上，针叶树 8 年以上；树冠幅 1.8 米左右，郁闭度 0.6～0.8，株行距 3～4 米 × 4～5 米，有方便的水源。

（2）**出菇设施**　采用拱棚或畦床式栽培。拱棚的规格为高 2 米、宽 3.5 米、长 50 米左右，南北走向，两端开进、出门口，拱棚两侧 1 米处挂防虫网。畦床宜选用背北朝南的林地，顺山势走向或按坡梯阶形挖畦，畦宽 0.8～1 米、深 0.15～0.2 米、长 8～10 米。挖出的土放在畦床两边，筑成畦墙，南低北高。

（3）**栽培模式**　袋式栽培或床式栽培，具体方法与平菇常规栽培方法相同。

（4）**关键技术**　①根据不同的种植季节，选择不同的品种。②发菌期间温度控制在 20℃～24℃，防止高温烧菌。温度高时早晨或夜间通风，温度低时中午前后通风。空气相对湿度控制在 60% 以下。③出菇期温度控制在 28℃以下，温度过高时，应加强通风和喷水降温。空气相对湿度保持在 85%～90%，可采用夜间地面浇水、空间喷雾来增加湿度，注意不可向菇蕾上直接喷水，喷水应掌握少喷、细喷、勤喷的原则。同时，还可通过通风来调整湿度，通风一般在早、晚进行，避免风直接吹到菇体上，使菇体失水。④出菇期间要保持一定的散射光，但不能有直射光，以防晒死菇体；夏季阳光充足，树势较弱的林地，可增加遮阳网。⑤夏季栽培时温度高、湿度大，林间蚊、蝇等害虫较多，要坚持预防为主、综合防治的方针，做好预防工作。注意及时清理菇棚及周围的垃圾、杂草、积水，地面喷石灰水杀虫灭菌，菇棚周围安装防虫网，林地安装杀虫灯诱杀害虫。

6. 罐头瓶栽培平菇

将栽培的原料按配方比例称取，加水搅拌均匀，含水量65%为宜，即用手捏料时指缝间有水渗出但不滴落为度。将500毫升或750毫升的罐头瓶清洗干净后，控干水分备用。将配制好的培养料装入瓶内，装料时用手轻轻按压，使其下松上紧。培养料装至瓶肩，压实压平，再用直径1厘米的尖头木棒在瓶中央扎孔直通瓶底，用毛刷将瓶口、瓶身擦拭干净后，用牛皮纸（旧信封）或杂志纸、报纸封口，并用棉线或皮筋固定。然后，放入灭菌锅中灭菌，高压灭菌2～3小时，常压灭菌6～8小时（根据所装的瓶数量）。冷却后，在无菌环境下接种，接种完毕后进行培养。将菌瓶单层或多层平放于地面或培养架上，温度保持23℃左右，经25天左右培养菌丝（尽可能遮光），当料面大量形成桑葚状原基时，即可揭开瓶盖。揭盖后注意经常向地面洒水，向空中喷雾，使空气相对湿度保持在90%左右，并适当通风透光，温度保持16℃～22℃。经10天左右即可采收第一潮平菇。此后2～3天内停止加湿，并清除料面上残留的菇柄、死菇，几天后又可形成原基，再进行出菇管理。此法适于平菇工厂化栽培或家庭栽培。

7. 棉柴屑栽培小平菇

菌盖直径3～4厘米、菌柄长度1～2厘米时采收的普通平菇，俗称为小平菇。与正常采收的平菇相比，具有口感更脆嫩、味道更鲜美、运输更不易破碎且更容易存放等特点。栽培小平菇的主要原料为棉籽壳、玉米芯等，近年来利用棉秆屑代替部分棉籽壳种植小平菇已获得成功，既降低了原料成本，又为棉秆屑的综合

利用找到了一个新途径，棉秆屑栽培小平菇的关键技术如下：

（1）**预处理** 将采摘完棉花的棉秆在田间自然风干，然后用专用棉秆粉碎机将棉秆粉碎成碎屑状。用粉碎机将玉米芯粉碎成花生仁大小（粒状物占50%，粉末占50%）的混合物。

（2）**基本配方** 棉秆屑48%，棉籽皮20%，玉米芯15%，烘干鸡粪5%，麸皮4%，棉饼3%，石灰5%。加水量为上述主料和辅料总重量的1.7倍。如果为生料栽培，每1000千克总量的栽培料还可添加多菌灵可湿性粉剂800克、氯氰菊酯或高效氯氟氰菊酯乳油700克。

（3）**料的发酵处理** 主料与辅料拌匀后同时进行发酵。水分在开始拌料时一次性加足，加水量掌握在纯棉籽皮重量的1.5倍、纯玉米芯重量的2.2倍、纯棉秆重量的2.2倍，辅料不考虑。在发酵期间不再添加水分。发酵时间4～7天（10月份外界气温高时发酵需4天完成，12月份外界气温低时发酵需6～7天完成）、发酵温度60℃以上，保持24小时进行翻堆，一般翻堆2次。

（4）**菌袋制作** 菌袋一般选用低压聚乙烯塑料薄膜，规格为22厘米×45～46厘米。装袋时4层种，3层料，用2～3厘米料封口。用种量为料量的20%～25%。装袋完成后边摆垛边用直径2厘米的木棒或铁棍沿菌棒长度扎1个通透眼，或在料面两头各扎5个4～5厘米深的眼。

（5）**发菌管理** 菌丝适宜生长温度为22℃～24℃，气温为13℃～25℃时，菌袋料温很容易上升至22℃以上，因此应采用间隙或“井”字形方式排放菌袋，以利于散热。发菌场所可以在菇棚内，也可以在棚外露地上。采用露地发菌时，发菌场地要求干燥、洁净，菌袋垛上要盖草苫或秸秆遮阴，雨天还要防雨。在20℃条件下，经15天左右菌丝即可长满菌棒表面。发菌期间可翻垛1次，促使发菌整齐。出现少量菇蕾时即进入出菇管理，切忌当菌棒周身均暴起大量原基时再进行出菇管理，以免菌袋水分大量散失，营养过度消耗，影响产量和质量。

（6）出菇场所 出菇场所为等高半地下式塑料拱棚，该棚一般东西走向，前后墙总深（高）为1.35～1.5米，地面高度1米，下挖深度0.5米，棚宽8米，中拱高2.5米，棚顶覆盖塑料薄膜、草苫等，为了保持棚内通风，四周不固定死。标准出菇棚长35米、宽7～8米，每棚可装料11000～14000千克（棉籽皮为主料的可以装14000千克，玉米芯、棉秆屑为主料的可以装11000千克）。

（7）催蕾期管理 按成熟早、晚将菌袋依次垛放于棚内，垛高7～8层，垛间中心距1米，垛底与两侧地面略呈畦状。菌袋入棚后进行催蕾期管理。①环境调控 一是加大昼夜温差，利用温度变化刺激出菇。晚上打开菇棚的通风口，通风换气的同时使夜间菇棚温度降至8℃～10℃；白天关闭通风口，使菇棚温度提高至18℃～20℃。二是大棚空气相对湿度要提至80%左右。三是增加光照，每天上午9时至下午3时适当拉开草苫等覆盖物，增加散射光照，利用散射光刺激出菇。②开口催蕾 一是松动菌袋。当菌袋两端料面出现针头状小菇蕾时，用手捏起菌袋口，轻轻拉动，使菌袋两端料面与料之间形成较宽松的空间，以改善通风条件，促进菇蕾生长分化。二是刀片划口。当菌袋两端料面菇蕾呈绿豆大小，菇盖菇柄开始分化时，用刀片将菌袋端面划2个半圆圈，形似正、反双“C”形。三是揭膜出菇。两端料面上小蘑菇继续长大，菇柄开始伸长，将菌袋两端薄膜逐渐顶起时，揭掉两端薄膜，进入出菇管理。为了形成出菇时差，减轻采菇压力，开口要分批进行，一般每次开2～4垛，每次间隔5～7天。

（8）出菇管理

①保持温度 小平菇生长期最适宜的温度为10℃～15℃，冬季夜间棚温应保持在6℃以上、白天18℃以下。

②增加湿度 棚内相对湿度应保持在85%～90%，可通过菌垛之间走道上洒水或向菇棚内喷雾状水，增加棚内湿度。

③调节通风 根据出菇量的多少、菇体的大小和形状、棚温

的高低调整通风量。外界风力大时，打开背风向的风口通风。喷水增湿后及时通风，使菌盖不残留明水。

④增强光照　白天通过揭盖草苫等覆盖物，调整温度、光照等，使菇体颜色加深、有光泽，菇形端正，肉厚，柄短。

（9）**采收**　当菌盖长至2～4厘米、菌柄1～2厘米时即可采收。采收时自一墩菇的下侧逐束采起，掐住一束菇后稍用力往下掰。采菇后尽量留住菇体基部的菌皮。

（10）**二潮菇管理**　采菇后，把料面残留的菇根、死菇等清理干净，加大通风量，降低棚内湿度，促进菌丝恢复生长，此期3～7天。看见新菌丝长出时，加大昼夜温差，增加散射光和湿度，再次催蕾出菇。当菌袋的重量低于新装好袋重的70%时，可给菌袋注水。注水的时间应在控水养菌3～7天后、看见新菌丝长出时进行。注水尽量用洁净的清水。一般不需添加营养成分，温度高时更应直接补充清水，注水量一般使菌袋重量达到新装菌袋重量的90%为宜。注水的方法是利用三缸泵压差带着注水枪进行补水。注水后初始几天要注意加强通风，待注水时渗出的水蒸发、湿度稳定后，再减少通风，经过一段时间养菌后即可转潮出菇。

8. 玉米秸秆高碱性栽培平菇

玉米作为我国主要农作物之一，在北方的种植面积很大。但是收获玉米后的玉米秸秆却一直被作为废弃物大部分被就地焚烧，造成环境污染，资源浪费。利用玉米秸栽培食用菌不仅开拓了新的丰富的原料来源，而且有效地降低了生产成本，提高了玉米秸的附加值。

（1）**常用栽培配方**　玉米秸100千克，尿素0.5～0.7千克，石灰15千克，多菌灵0.1～0.2千克，水200～220千克。在此基础上，也可添加部分棉籽壳、花生壳、玉米芯等辅料，与秸秆料的比例为3∶7。

（2）**玉米秸的处理**　玉米秸收获后，大部分青秸堆放，容易

导致杂菌感染。如不妥善处理，很容易造成栽培失败。因此，在栽培前，要首先将玉米秸拆堆摊开暴晒，选择新鲜、无霉变的玉米秸用粉碎机破碎成豆粒大小的颗粒状。粉碎颗粒偏大，培养基密度小，营养不足产量低。反之，如果颗粒太小、太细碎，则容易造成培养基透气性差，影响发菌速度，易感染病菌。

（3）**拌料** 拌料前先将场地打扫干净，用0.2%多菌灵溶液或3%～5%石灰水消毒。石灰应选用新鲜生石灰，预先加少量水化开，过细筛（孔径1～2毫米）备用。拌料时将多菌灵、尿素等可溶于水的辅料溶于清水中，制成拌料液，再将不溶于水的辅料从少到多混拌均匀，最后将拌料液和辅料与主料调拌均匀，注意拌好的料最好当天用完。不需要堆积发酵。

（4）**栽培袋制作** 栽培袋可选用25～28厘米×55～60厘米的聚乙烯折角袋，接种时将塑料袋的一端用线绳系好，装入一层菌种（事先掰成蚕豆大小的颗粒），然后装入一层料，并用手压实，再装入一层菌种，如此共装3层料4层种，菌袋两端的菌种要封住料面，以利菌丝尽快生长，控制杂菌侵入，最后将袋口系好，可在菌袋上扎微孔通气。

注意事项：①操作场所应清理干净，场地用石灰水喷洒消毒；②菌种应保证质量，避免用过期菌种；③接种前菌袋外表和盛菌种的容器及手应用清水冲洗干净；④菌种两头的菌种，最好刮掉一层不用或单独存放，最后使用；⑤菌种块掰成拇指大小，避免揉搓成碎屑；⑥接种时，菌种块一定要集中在料的边沿，紧贴袋壁，厚度不小于2厘米，避免料把菌种包起来；⑦菌种要随用随掰，如有剩余一定要盖好，防干、防虫，不可久放；⑧为了防治虫害，袋口一定要紧，尤其夏季，不要留孔隙，扎孔时，孔眼一定要小，不可划破塑料袋；⑨扎孔要及时，最好随装袋随扎孔，间隔不要超过6个小时。

（5）**发菌** 将接种好的菌袋移入发菌室堆积发菌，发菌期间，应保持地面干燥、空气流通。排放时，袋与袋之间要留有空隙，气温较低时，可摆成四层的垛，菌袋间插入温度计，随时检查料温变化情况。在高碱度条件下，不同于常规栽培，培养料在菌丝生长过程中发酵缓慢，料温不易升高，故该项技术可在气温较高的情况下应用。料温在24℃左右，菌丝生长旺盛；当料温超过30℃时，要及时翻垛，减少层数，以利散热，防止“烧菌”，促进菌丝萌发生长；低于15℃应采取加温措施，尤其是在接种后，应立即把气温升上去，以保证菌种萌发生长。否则，在高碱度条件下，菌丝生长受到抑制。在适宜条件下，20天左右菌丝即可发满，转入出菇阶段。

（6）**出菇管理**　菌袋发好后，应及时将菌袋搬入出菇房，转入出菇管理，出菇方式与常规栽培方式一样，采用立体排袋出菇方式。当料面菌丝有粒状物出现，原基分化开始，应立即解去菌袋上的线绳，将袋口拉开，保持菇棚内空气相对湿度在80%～85%，增加通风换气和光照，不久便会形成大量菇蕾。然后加大喷水量，使空气相对湿度保持在85%～95%，增加通风换气，并注意光照的影响，以利于子实体的形成。其具体措施与常规栽培相同。栽培周期约2个月，出菇2～3潮。

（7）**采收**　从菇蕾形成到子实体成熟一般5～7天。平菇采收的最佳时期为子实体八九成熟，即菌盖边缘尚未展平，菌盖与菌柄交界处无白色茸毛。因为玉米秸营养含量偏低而且持水性差，所以在出完一潮菇后，为了提高产量和质量，最好进行补充水分和营养液管理。补水采用注水器或者覆土浇灌的方式进行。

在科学的管理条件下，一般可出菇3潮左右。生物转化率可达100%左右，个别的可达120%左右，且由于成本较使用棉籽壳等原料的栽培方式要低，其经济效益相当可观。

9. 纯白平菇栽培技术

纯白平菇颜色洁白，口味细嫩，菌柄短，菌肉厚，韧性好，耐贮藏，便于运输，市场售价每千克比普通平菇高1～2元。但纯白平菇菌丝体和子实体的生长速度较慢，按照常规平菇栽培方法产量偏低，子实体易发生病害。因此，生产中只有掌握以下栽培技术要点，才能获得优质高产的纯白平菇。

（1）**选择适宜的栽培季节** 纯白平菇多为低温菇类，适宜在秋冬季栽培，10月上中旬开始生产栽培袋，11月中下旬至翌年4月初，为最佳出菇期。

（2）**培育健壮原种** 母种应从不同制种单位引进多株菌种，经过出菇试验择优使用。原种培养基配方要求比一般平菇适当增加氮的含量，有利于培育健壮的原种，但不宜超过15%，否则会增加杂菌污染率。配方中不加糖，以降低染菌率。适宜配方为：棉籽壳83%，麦麸15%，石膏1%，石灰1%；或棉籽壳83%，麸皮12%，玉米粉3%，石膏1%，石灰1%。用原种直接接种栽培袋，可以促进菌丝生长，提高产量。

（3）**小袋熟料栽培** 纯白平菇菌丝和菇蕾生长均慢，出菇潮次少，宜采用小袋熟料栽培，菌袋大会增加发菌期杂菌污染率。生产中可选用宽17～20厘米、长45厘米、厚0.003厘米的低压聚乙烯袋装料。纯白平菇对营养的要求高于一般平菇，培养料配制时要适当增加氮、磷、钾养分，适宜的栽培料配方为：棉籽壳82.7%，麦麸10%，豆饼3%，石灰2%，石膏2%，磷酸二氢钾0.3%。培养料装袋后按无菌操作要求灭菌、接种、培养。

（4）**两段式栽培** 菌丝培养和出菇分开，菌丝发满后，即可移到出菇房排场出菇。在菌棒两头的上部用刀划4厘米长的出菇口，按每行5～7层“井”字形排列，行距40厘米。破口后喷水保湿，7天左右可出菇，第一潮菇的生物学效率可达到60%以上。头潮菇采收结束后，进行覆土栽培，覆土使用前必须进行消毒处理。覆土栽培的方法是：剥去塑料袋，将菌棒一分为二，切口向下，立于棚内土畦中。菌块间距1厘米左右，用干细土填满菌块间隙，并覆盖至菌块顶部，然后浇1次营养液，使覆土完全湿润。营养液配方为：糖1%，磷酸二氢钾0.5%，微量元素0.5%，石灰0.5%。一般覆土后10天左右可出菇，二潮菇的生

物学效率可达到40%以上。二潮菇采收后，停水3～5天浇营养水，一般可采收4潮菇，总生物学效率可达130%左右。

10. 姬菇栽培技术

姬菇是菌盖直径0.8～2厘米、菌柄长4厘米的特定形态的平菇商品菇。栽培要点如下：

（1）栽培季节　姬菇适宜的出菇温度为8℃～14℃，秋季气温稳定在16℃～25℃时为最佳栽培期。

（2）栽培料配方　棉籽壳93%，麦麸3%，石膏1%，石灰3%，另加多菌灵0.1%，加水量为料重的1.3～1.4倍。可采用发酵料和生料栽培，温度高或原料比较陈旧时也可采用熟料栽培。

（3）栽培袋制作　栽培袋选用22厘米×45厘米的高密度聚乙烯折角袋，使用前用缝纫机沿袋长方向均匀扎两排微孔，装袋时，先在袋底垫一层料，料厚2～3厘米，然后放一层菌种，如此反复，最后一层是2～3厘米厚的料，形成5层料夹4层菌种的格局。为更好地增加通透性，装满料后可用直径2厘米的铁棍在料中心扎一透气孔。最后再用塑料绳或大头针封口。

（4）栽培袋培养　料袋可在发菌房内、房荫下面、棚间空地等场所摆放发菌。第一层袋间留3～4厘米间隙，第二层菌袋骑在第一层间隙处，并使一排微孔正对间隙，如此垛3～5层。这样间隙排放的菌袋透气性好，袋内料温低很少发生污染。发菌培养期间注意每6～7天翻1次垛。露天摆放的菌袋要注意防雨淋、防水淹和遮阴。在正常温度条件下，经17～25天菌丝即可发满袋，再停放7天即可入棚。入棚时将菌袋垛成7～10层高的垛，垛间距1米。暖秋时节入棚的头批菌袋也可采用间隙法排放。当有少量菇蕾形成时即可入棚进行出菇管理。

（5）开口与催蕾　开口的工具是用1根小木棍绑缚的半片剃须刀片。开口时，沿端面料袋边缘划2个半圆，形似正、反双“C”。“C”接头处不划开，仍保持相连。然后用手轻提袋口，使袋膜与料面形成缝隙，可进入新鲜空气，这样就形成既透气又保湿的利于菌丝扭结现蕾的小气候。小气候的湿度主要由菌丝呼出的水分形成，因此除棚内土层过干外一般不用格外加水增湿。开口的次序依入棚顺序决定，一般每次开 2～4 垛，间隔 5～7 天 1 次，有意识地形成顺次开袋格局。这样，一方面能控制棚温和二氧化碳的急剧上升，降低管理难度，同时还能使采菇不过于集中，减轻采菇压力。

（6）**出菇管理**

①温度　力争控制在 6℃～10℃的偏低棚温，这样菌袋温度就能保持在 10℃～20℃（30℃）。降低袋温在头潮管理中更为重要，这是因为头潮菇时气温较高再加上大批次开袋，常使棚温、袋温迅速升高，以致烧袋死菇即捂棚，捂棚的菌袋菌丝活力丧失不再出菇。冬天棚温过低时，可揭去覆盖物进散光晒棚升温。

②湿度　姬菇生长时适宜的空气相对湿度为 85%～90%。湿度来源于棚内墙体、地面蒸发和菇体蒸腾作用及人工洇水。加湿时要注意温度情况，温度高时湿度不可太大，否则高温蒸腾作用强易产生高湿，而导致捂棚和闷棚现象。

③光线　姬菇的发生需要光照刺激，光照强度一般小于 40 勒，此光强为晴天早晨东方泛起鱼肚白时的光强。温度低时，光照强度可提高至 200 勒，此光照强度为晴天室内阴面的光照强度。进光通过撩揭塑料薄膜、覆盖物实现，但需要双侧同时进光或单侧交替进光，以防止菇体向光性弯曲。

④空气　通风换气是姬菇生长的必要条件，整棚菇体呼出二氧化碳的量非常大，若不及时排出，就会形成柄肚大、帽尖细的畸形菇。而且长时间不通风，菇体会发生二氧化碳中毒而死亡（叫闷棚），死菇剔除后还能再转潮。通气的方法是揭膜通风。

（7）**采收加工**　姬菇长至柄长 4 厘米、菌盖超过 0.8 厘米即可采收。采收时用手掐住一束菇，稍用力往下掰，方向是自一墩菇的下侧逐束采起。采后的菇体，撕成单个，剪去毛根，进行分级，按鲜菇出售；也可制成盐渍菇待售。采菇后的端面菌丝层，只可择去枯死菇，不可搔菌耙掉老菌皮。在温、湿度合适的条件下很快出二潮菇、三潮菇，直至料水枯竭。

11.“两网、一板、一灯、一缓冲”夏季平菇栽培技术

“两网、一板、一灯、一缓冲”是国家食用菌产业技术体系研发的夏季平菇栽培模式，具体方法是：播种前在菇棚外安装遮阳网，以降低棚内温度，提高菇体质量；出菇前在通风口和入口处整体安装60～80目的防虫网；在菇棚内悬挂黄板；菇蚊菇蝇等害虫具有趋黄性，诱杀效果好；在菇棚内安装杀虫灯，晚上接通电源后，产生蓝光，吸引害虫前往，趋之则触电而死；在菇棚入口处设缓冲间，隔离菇蚊、夜蛾、谷蛾等害虫成虫，有效控制菇蚊、菇蝇对平菇等食用菌的危害，同时还可改善棚内通风，实现平菇安全高效生产，保障产品质量。

该栽培模式在控制菇蚊、菇蝇危害方面效果显著，能够保证食用菌在高温季节安全高效生产。但在日光温室降温等方面存在不足，建议生产中采取如下措施进行改进：①在不影响防治虫害的前提下，适当增加防虫网孔隙度，选用60～70目的防虫网，以利于通风；②菇房后墙设计成上下两排错开的窗户，保证空气流动；③将遮阳网悬空在防虫网30厘米以上，使两网间形成空气流动层；④有条件的基地可考虑利用地下水降温或者采用反光锡纸保温被覆盖降温；⑤加强排水措施，避免雨季棚内积水。

九、栽培废料处理

平菇出菇后的废料，含有丰富的蛋白质、多糖、维生素和多种植物营养源，科学处理后是二次种菇的很好原料或生物有机肥或饲料。但是，平菇生长的过程中也有多种其他生物的侵染，随着平菇生长周期的延长，这些有害生物种群在基质中不断增加。特别是当栽培结束时，菌体的抗性大幅下降，使有害生物的繁殖更为迅速。因此，生产后的废料如果不及时妥善处理，将为以后

的生产带来极大的隐患，轻则造成环境污染，影响以后种菇的产量和质量，重则导致病虫害大量蔓延与危害，造成严重减产甚至绝收。

平菇栽培废料处理方法：①菌丝生长较好，培养料未被杂菌污染，可晒干粉碎后添加30%到新料栽培鸡腿菇，以有效地降低原料成本，获得更好的经济效益。②将平菇废料风干粉碎，按10%～20%的比例加入到饲料中，饲喂牛、羊等反刍动物及猪、鸡、鸭、鹅等畜禽，是优质饲料，可降低养殖成本，提高效益。③平菇废料还是一种优质的有机菌肥。在我国部分地区已经建成菌糠生物有机肥厂，以食用菌菌糠为原料生产有机菌肥。农户也可利用菌糠自行发酵制作菌肥，即将菌棒粉碎后加水堆积发酵，冬季发酵60～90天，夏季发酵30天，如与禽畜粪便混合发酵则效果更佳。果园施用食用菌菌糠发酵肥料，可起到改良果园土壤、提高水果品质、增产增收的效果，而且肥效持久，经济实惠。用作棉花花蕾肥，甘薯、马铃薯的基肥，能显著提高产量。在花卉种植中，把种菇后的废料与肥土混合后堆积自然发酵，用来作为花卉苗圃、盆栽的基肥，对花卉的土壤结构、通气性、保水持水能力等均有改善。此外，出菇后的菌棒还可作为菇棚的加温燃料及灭菌燃料。

十、平菇栽培常见异常现象及防治方法

1. 菌袋污染

袋栽平菇污染在多数情况下是由于原料处理不当、灭菌不彻底、接种操作不严格、管理不善及高温、高湿的环境条件引起的。

（1）发生原因

①点状污染型　栽培袋内出现形状不规则的杂菌斑点。此污染一般由于培养料没有充分搅拌均匀，部分偏干，或者有霉菌团块、干颗粒存在，导致灭菌不彻底造成的。

②批量污染型　同批灭菌的培养料同时出现杂菌，可能是灭菌不彻底造成的。主要原因有灭菌时未达到预定温度、灭菌时间不足、培养料堆放过紧、蒸汽流通不畅、菌袋受热不均匀或冷气排放不畅等。

③接种块连续污染型　接种块周围出现连续污染、从接种块上长出杂菌、杂菌与菌种块不易分开，是使用杂菌污染的菌种所致。菌种培养过程中污染杂菌，或菌种存放过程中表面被杂菌污染，是接种前未进行严格检查所致。

④接种块偶发污染型　个别接种块出现杂菌且杂菌与接种块可以分开，是接种污染。主要原因有接种环境不清洁、接种室（箱）密封不够或消毒不彻底、接种用具不洁净及无菌操作不严格等。

⑤破损污染型　非接种块出现零星污染，主要是袋口密封不严或装料、接种、运输过程中操作不慎，或灭菌时压力变化过快等引起料袋破裂。另外，棉塞潮湿导致瓶（袋）口污染以及培养环境杂菌基数太多或高温、高湿导致污染。

（2）**防治方法**　根据污染类型和发生原因，采取相应的补救措施和防治方法。

2. 接种后菌丝不萌发，不吃料

（1）**发生原因**　培养料变质，滋生大量杂菌；培养料含水量过高或过低；菌种老化或接种量少，生活力很弱；环境温度过高或过低；多菌灵添加量过多，抑制菌丝生长；培养料中加石灰过量，pH 值偏高。

（2）**防治方法**　使用新鲜无霉变的原料；使用适龄菌种（菌龄 30～45 天），即使菌种超龄，失水也不能过多；掌握适宜含水量，手紧握料指缝间有水珠不滴下为度；发菌期棚温保持在 20℃左右、料温 25℃左右为宜，温度宁可稍低些，切忌过高，严防烧菌；培养料中添加多菌灵以 0.1% 为宜；培养料中添加石灰应适量，尤其在气温较低时生料栽培时添加量不宜超过 3%，pH 值 7～8 为适宜。

3. 发菌期间菌丝萎缩

（1）发生原因　料袋堆垛太高，产生发酵热时未及时倒垛散热，料温升高达30℃以上烧坏菌丝；料袋大，装料多，发酵产热温度高；发菌场地温度过高加之通风不良；料过湿且又装得太实，透气性不好，菌丝缺氧也会出现菌丝萎缩现象。

（2）防治方法　改善发菌场地环境，注意通风降温；料袋堆垛发菌，垛堆放2～4层、呈“井”字形交叉排放，或间隙排放便于散热；料袋发酵产热期间及时倒垛散热；拌料时掌握好料水比，装袋时做到松紧适宜。

4. 栽培料酸臭

（1）发生原因　发菌期间遇高温时未及时散热降温，杂菌大量繁殖，使料发酵变酸，腐败变臭；料中水分过多，空气不足，厌氧发酵导致料腐烂发臭。

（2）防治方法　将料倒出，摊开晾晒后进行堆积发酵处理，并加入石灰调整pH值至8～8.5；如氨味过浓则加2%明矾水拌料除臭，或用10%甲醛液除臭；如料已腐烂发黑，只能废弃作肥料。

5. 发菌后期吃料缓慢迟迟不满袋

（1）发生原因　袋两头扎口过紧，袋内空气不足，造成缺氧，局部水大或局部酸臭、氨气等有毒气体排不出来。

（2）防治方法　解绳松动料袋扎口或局部刺孔通气。

6. 菌袋软袋

（1）发生原因　菌种退化或老化，生活力减弱；高温伤害了菌种；培养料的质量差，料内细菌大量繁殖，抑制菌丝生长；培养料含水量大，氧气不足，影响菌丝向料内生长。主要表现为料表面长有菌丝，但袋内菌丝少且稀疏，菌袋软而无弹性。

（2）防治方法　使用健壮优质菌种；适温接种，防高温伤菌；原料要新鲜、无霉、无结块，使用前在日光下暴晒2～3天；发生软袋时，降低发菌温度，袋壁刺孔排湿透气，适当延长发菌时间，让菌丝往料内生长。

7. 菌袋上布满豆渣样的菌苔

（1）**发生原因**　培养料含水量大，透气性差，引起酵母菌大量滋生，在袋膜上大量积聚，形成豆腐渣样菌苔布满袋壁，料内出现发酵酸味，影响菌丝继续生长。此种情况尤以玉米芯为培养料时多见。

（2）**防治方法**　用直径1厘米的圆木棍削尖头，从料袋两头往中间扎2～3个孔，深5～8厘米，以通气补氧。随后不久袋内壁附着的酵母菌苔会逐渐自行消退，平菇菌丝就会继续生长。

8. 菌丝未满袋就出菇

（1）**发生原因**　菌种用量过大；菌种太老，老菌块提前进入了生殖生长，未等菌丝完全发满就出菇；袋口松开过早，菇棚内光线过强或昼夜温差过大刺激出菇。

（2）**防治方法**　菌种用量控制在12%～15%；选用菌龄适宜的菌种；待菌丝发满后，再打开袋口；注意遮光和夜间保温，改善发菌环境。

9. 菌丝长满菌袋后不出菇

（1）**发生原因**　品种温型不适；培养料碳氮比不当，不利营养生长转入生殖生长；昼夜温差过小、袋温形不成5℃以上温差；菇房湿度太低，或不恒定；端面菌皮太厚、太硬；料面气生菌丝生长过旺，形成了菌皮；害虫危害。

（2）**防治方法**　根据出菇时间选择合适的品种；优选栽培料的配方，减少氮源的添加量；高温时段出菇的菌袋应稀疏排放，把菌袋放热散发出来；早、晚气温低时通风，延长通风时间，人为地拉大昼夜温差，促使菌丝扭结，形成原基。挖得浅的菇房空气相对湿度太低，可采取喷水、洇水等办法提高湿度，使空气相对湿度保持在85%～95%，保持菇房如同刚降过雨一样，空气潮湿而又新鲜。菌袋发菌期过长，发菌期温度高，中间穿孔过大，采用大开口法开袋，催蕾期通风过大等导致两端菌皮太厚太硬而阻碍出菇的，应直接往料端喷雾，使料潮湿而不浸水，或者用铁丝制成的小铁耙进行搔菌。发满菌后增加一定的散射光。在端面及菌袋周身能看到筛网或麻脸状的菌皮，一般是跳虫或蚤蝇危害造成的，可用45%高效氯氰菊酯乳油400～500倍液喷施料面。

10. 烧　菌

（1）发生原因　菌袋堆叠过高过密、未及时翻堆；培养场所温度过高或通气不良。

（2）防治方法　高温天气，应松散直立放置料袋，待袋温稳定后再堆叠，堆叠层次以4～8层为好。培养场所应注意通风换气、降温。

11. 袋壁长菇

（1）发生原因　平菇菌袋采用聚丙烯或厚的低压乙烯料袋，栽培袋无弹性；培养料装袋过松；摆袋或发菌过程中菌袋震动过大。这些原因均可使平菇菌丝在生长过程中将培养料聚结在一起，体积缩小，造成培养料与栽培袋分离，从而导致袋壁出菇；菌袋培养期间温度高，菌丝在菌袋内产生菌皮，促使培养料与菌袋分离，导致袋壁出菇；棚内湿度过小，使菌袋开口处料面过干，无法形成菇蕾，导致菇蕾只能从袋壁长出；发菌期间光线过强，光线会刺激平菇在菌袋侧面菌丝产生子实体原基。

（2）防治方法　采用低压聚乙烯栽培袋，厚度为0.002～0.0025厘米；装袋时压实培养料，防止料与袋壁之间形成空腔；装好的菌袋，搬运时轻拿轻放，防止菌袋受到较大振动；发菌期间温度保持在24℃以下，避免强光刺激；开口后棚内空气相对湿度保持在85%～90%。

12. 平菇菌柄中空

（1）发生原因　出菇期温度持续超过24℃以上生长速度快；或袋内基质含水量低于40%、空气相对湿度低于80%，或菇体生长过密，通风不良等因素造成菇体生长快、袋内缺水、细胞内

养分水分供给不足而产生菇体菌柄中空。

（2）**防治方法**　配制培养料含水量应不低于60%；出菇时温度控制在22℃以下，空气相对湿度保持在85%～90%，加强通风保持棚内空气新鲜。

13. 幼菇死亡

（1）**发生原因**　①品种抗性差。有的品种对出菇期的温度变化难以适应，原基形成后，气温骤然上升或下降，出现持续高温或遇较低温度，导致菌柄停止向菌盖输送养分，使菌蕾逐渐枯萎死亡。②在原基形成后遇持续高温天气、培养料过干、空气相对湿度过低，菇体干涩萎蔫变黄而逐渐死亡。③喷水过多或直接向子实体喷水。④盛菇期，菇体代谢旺盛，产出的二氧化碳多、热量大，若1～2天忘记通风，极易出现二氧化碳中毒死亡和高温烧菌死亡。⑤棚内外温差大、冬季冷风和夏季干热风直接吹在菇体上而造成菇体死亡。⑥光照过强或光线过弱，可造成平菇菇蕾萎缩而死亡。⑦小菇蕾容易感染病害或培养基中螨虫和线虫吸食菇体营养，造成小菇萎缩和死亡。⑧用药不当引起药害。许多有机磷药剂对食用菌的菌丝和菇体生长都有抑制和致死作用，如敌敌畏会引发小菇死亡、菇体僵化和畸形。⑨出菇量多，菇体密集，采菇时容易造成小菇菇根损伤，造成小菇死亡。

（2）**防治方法**　选择抗性强的品种，增加栽培设施的投入，能够有效地抗击外部环境的影响；若遇高温天气，应注意通风降温；培养料的含水量应适宜，失水过多时及时补水；保持空气相对湿度在85%～90%；不往幼菇上喷重水和不洁净水，喷水应做到勤、细、匀；根据菇体发育状态适当通风，保持空气新鲜，做到菇大多通风，菇小少通风，外界有风时不揭迎风口，冬季和夏季通风不宜直接吹菇体；出菇期间给予散射光照射，尤其是幼菇期应避免强光照射；根据病虫害发生的原因有针对性地选择经国家批准的食用菌专用药剂进行防治，切勿盲目用药，用药剂量和施用方法都要按照标准操作；采收时动作要轻，防止机械损伤菇体。

14. 异 色 菇

（1）**发生原因**　主要有蓝色菇、红色菇、烟熏色菇等异色菇体。蓝色菇是菇体一氧化碳、二氧化硫或二氧化碳中毒；红色菇是袋内温度高，外界水珠刺激菇体，水珠在菇体上转化为黄红色而成；烟熏色菇是菇房见了烟，菇盖受烟熏而形成。

（2）**防治方法**　菇房加温时用暗火加温，生煤火加温一定要安装煤气管道，并经常通风，把一氧化碳、二氧化硫及二氧化碳排出棚外；拌料时加水量不能太大，已形成袋内积水的及早将水排出，加强通风，勿使菌盖上长期潴留水珠。

15. 菌盖长瘤

（1）**发生原因**　冬季栽培平菇其菌盖上常出现许多大小不等、多少不一的菇瘤或菇刺，有的甚至会菇上长菇，影响平菇的外观和质量。主要原因是菇棚内环境温度低于5℃菇体停止生长，当气温升高时，不同部位平菇组织内的细胞反应不一致，一部分细胞开始生长，而另一部分细胞仍处于生长停滞状态，或者不同组织细胞的分化速度不一致，这样同一菌盖生长就不同步，生长快的部分就会出现菇瘤、菇刺，有时会菇上长菇。

（2）**防治方法**　冬季栽培平菇，在生长过程中应注意菇房的保暖，防止温度过低。

16. 子实体及料端面长白毛

（1）**发生原因**　湿度过大，通风不良。菇体菌柄长白毛多见于丛生过密的菇体，料端面长白毛多见于转潮注水后的菌袋，二者发生的条件相似，前者是局部湿度大不通风，后者是整体湿度过大。

（2）**防治方法**　对于丛生过密的菇体，可以成熟一部分采摘一部分，勿使菇体重叠密不透风透气；料袋注水后，一定要加大通风量，风干地面积水和菌袋沥水，在氧气充足的环境条件下促使菌丝恢复生长。

17. 畸 形 菇

（1）发生原因　菇体在成长过程中受到光照不足、通风不良、二氧化碳浓度过高、空气湿度过大等不良环境的影响较易长成畸形菇，严重影响产量和品质。主要表现有菜花状、高脚状、珊瑚状、无柄菇、水肿菇、菇上菇。

（2）防治方法　菇棚内栽培菌袋不宜过多过密；一旦发现畸形菇，要立即改善通气状况，坚持早、晚低温时通风，利用棚内外温差，加速二氧化碳扩散；保持通风口处于常开状态；畸形严重的原基应尽早摘除，让其重新分化，生长出正常的菇体。

18. 转 潮 慢

平菇从菌丝体到子实体转化需要一个过程，因此出菇的特点是多潮次、分批次出菇。环境适宜、菌袋营养有保证的情况下转潮快，下潮菇的产量也会高。如果下潮菇迟迟不出，需要从以下几点考虑原因：①温、湿度是否适宜。根据所种植品种的温性，确定菇棚的温度，温度过高或过低都不利于转潮和出菇。菇潮间隔期间要保持菇棚空气相对湿度在85%，防止菌袋失水，如果菌袋含水量低于50%要及时补水。②基质营养是否充分。如果第一潮菇产量较高，菌丝营养消耗太大，也会导致二潮菇推迟或无能力出菇。③季节转换后，品种不适宜而停止出菇。有的品种在季节交换之际出了一潮菇，但随之而来的高温或低温季节则中断了下潮菇的生长。例如，5～6月份出第一潮菇，在转潮期间遇上高温使下潮菇无法长出，菇袋营养消耗大，又经过夏季高温失水，到了秋季降温时，菇袋已无出菇能力，所以长不出下潮菇。

19. 不出二潮菇

（1）跳虫致不出菇　原因分析：菇棚外围环境差，有污水、垃圾等积存，适合跳虫繁衍，跳虫从菌袋两端开口处侵入危害菌丝，致原基不发生。其危害状为肉眼看有不太明显的蛀食孔洞，菌丝消退缓慢，常错认为菌丝体正常。处置办法：用45%高效氯氰菊酯乳油400～500倍液均匀喷雾，往袋两端喷雾使药达料内，以杀灭正在危害的虫体；往出菇环境喷雾，以控制传播源和传播途径。

（2）杂菌致不出菇 原因分析：菌袋有大量杂菌发生，颜色鲜艳的青木霉、面包脉孢霉及黄、黑曲霉易于识别，而轮枝霉、疣孢霉、指孢霉其菌丝孢子淡或几近无色，用肉眼在菌盖、菌褶及菌柄幼小菇蕾上看到的杂菌菌丝与平菇子实体再生菌丝很难区别。这些菌寄生在平菇子实体和菌丝体上，在适宜条件下过度的繁殖，使子实体死亡，菌丝体受害而不再形成原基。处置方法：用3%克霉灵溶液喷幼菇、菇蕾及菌袋两端料面，每周2次，连续4～6次。菇棚内只洇水加湿，不直接往菇体上喷水。

（3）烧菌致不出菇 原因分析：头潮菇出菇期气温高，温度超过32℃，菌丝生长受到抑制，直至死亡，子实体不能正常形成。处置方法：草苫昼盖夜掀，使棚温降至16℃以下，并酌情降湿；菌袋排放不宜过高过密，并及时翻堆。

（4）其他原因 除上述3种原因致不出菇外，还有药害导致不出菇，如在出菇前使用敌百虫、敌敌畏会引起菌丝徒长而不现原基或出现畸形菇；高温季节覆土出菇的，因覆土过于肥沃，线虫繁殖吞食菌丝，导致菌体结构破坏而不形成子实体；头潮菇时出菇多、采摘迟，料面失水严重；二潮菇补水时，水中添加尿素大于1%，菌丝体转为营养生长导致生理状态改变而不出菇。处置方法：出菇期间不使用敌百虫、敌敌畏等农药；覆土材料要消毒后使用；菇体应早采、勤采，尽量不损伤料面；温度高时出菇，小开口，间隙开口，监测料温变化，注意通风降温；采菇后，减少通风，料面过干要适量喷水，促进菌丝恢复；严格控制补水时各种营养成分的添加量。

第七章
平菇采收与加工

一、采　收

1. 适时采收

平菇适宜的采收时间应掌握在菇体发育达到七八成熟时，即菌盖充分长大，边缘由内卷变平，颜色变浅时，下凹部分开始出现白色茸毛，且未散发孢子时应及时采收。此时菌盖边缘韧性好破损率低，菌肉厚实肥嫩，菌柄柔软纤维质低，商品外观好，经济价值高。采收过早，影响产量；采收过迟，菇盖干缩，菇柄坚硬，质量下降且大量散发孢子。孢子散落到其他小菇上，会造成其他小菇未老先衰。

平菇采摘时，菇丛小的可用手旋转，轻轻掰下，菇丛大的可用锋利的刀子，紧贴料面割下，注意尽量少损伤料面。采菇时大、小菇应一次采完，勿摘大留小。平菇菌盖质脆易裂，采收时要轻拿轻放，采菇后先将菇体上附带的培养料、泥土等杂质去掉除干净。采下的菇要菌盖朝下、菌褶朝上直接放入专用箱内，避免挤压并尽量减少翻动的次数，可直接送市场销售或进行加工。

2. 平菇分级

（1）鲜品分级　平菇鲜品分为3级。①一级菇。外观具有该平菇品种应有的色泽和气味，无异味。菌盖直径3～5厘米，菌盖肥厚、表面无萌生的菌丝，菌柄基部切割平整，干爽，无黏滑感。无虫蛀、无霉烂、无杂质。水分≤92%，灰分（以干重计）≤8%。②二级菇。外观具有该平菇品种应有的色泽和气味，无异味。菌盖直径5～10厘米，菌盖肥厚、表面无萌生的菌丝，菌柄基部切削良好，干爽，无黏滑感。无虫蛀、无霉烂。杂质≤5%，水分≤92%，灰分≤8%。③三级菇。外观具有该平菇品种应有的色泽和气味，无异味。菌盖直径≤3厘米或菌盖直径≥10厘米，菌盖、菌褶不发黑，菌柄基部切削允许不规整存在。虫蛀菇≤1%，无霉烂。杂质≤5%，水分≤92%，灰分≤8%。

（2）干品分级 平菇干品分为3级：①一级菇。外观具有该平菇品种应有的色泽和气味，无异味。菇体完整，无碎片。无虫蛀、无霉烂、无杂质。水分≤12%，灰分≤8%。②二级菇。外观具有该平菇应有的色泽和气味，无异味。菇体较完整，允许碎片率5%～10%，无霉烂。虫蛀菇≤1%，杂质≤5%，水分≤12%，灰分≤8%。③三级菇。外观具有该平菇品种应有的色泽和气味，无异味。菇体较完整，碎片率大于10%，无霉烂。虫蛀菇≤1%，杂质≤5%，水分≤12%，灰分≤8%。

（3）平菇的理化指标 100克干品水分≤12克；总砷（以As计）1千克干品中≤1毫克，1千克鲜品≤0.5毫克；铅（Pb）1千克干品中≤2毫克，1千克鲜品≤1毫克；总汞（Hg）1千克干品中≤0.2毫克，1千克鲜品≤0.1毫克；六六六1千克干品中≤0.2毫克，1千克鲜品≤0.1毫克；滴滴涕1千克干品中≤0.1毫克，1千克鲜品≤0.1毫克。

3. 平菇包装、运输、贮存

（1）包装 内包装材料标准要求为食品聚乙烯成型塑料袋密封，不能使用报纸和用荧光增白剂处理过的纸或其他材料。外包装（箱、筐）应坚固、洁净、干燥、无异味、无毒、无害。严禁使用装过农药、化肥及其他有毒物质的容器包装。包装箱（袋）的卫生指标应符合GB 9687和GB / T6543的规定。每批产品所用的包装质量单位应一致，可逐件称量抽取的样品，每件的净含量

应不低于包装外标志的净含量。

（2）**运输**　运输时应轻装、轻卸、防重压，避免机械损伤。运输工具应清洁、卫生、无污染物、无杂物，防日晒、防雨淋，不可裸露运输。不得与有毒、有害、有异味的物品和鲜活动物混装混运。平菇鲜品应在低温条件下运输，干品可在常温条件下运输。

（3）**贮存**　平菇鲜品在2℃～5℃条件下可贮存2～5天，平菇干品应在通风、阴凉干燥、洁净、有防潮设备及防霉、防虫和防鼠设施的常温条件下库房贮存。平菇贮存时不得与有毒、有害、有异味和易于传播霉菌、虫害的物品混合存放。

二、产品加工

1. 盐渍加工

平菇盐渍加工是利用高浓度食盐溶液抑制微生物的生命活动，破坏菇体本身的活力及酶的活性，防止菇体腐败变质的最简便有效的平菇保鲜加工方法之一。盐渍加工，是外贸出口常用的加工方法，也是进一步加工前保存菇体的必要手段。同时，还是鲜品销售不畅时种菇户规避风险的必备措施，尤其对投料量大的种菇户更是如此。主要设备及用具有锅灶（采用直径60厘米以上的铝锅，炉灶的灶面贴上釉面砖）、大缸、塑料周转箱、包装箱、笊篱等。

（1）工艺流程为

原料菇的选择→漂洗→预煮→冷却→盐渍→调酸装桶

（2）技术要点

①加工要及时　鲜菇采摘后，极易氧化褐变和开伞，要尽快预煮、加工，以抑制褐变。

②严防菇体变黑　加工过程中，要严格防止菇体与铁、铜质

容器和器皿接触，同时也要避免使用含铁量高的水进行加工，以免菇体变黑。

③掌握好预煮温度和时间　预煮应做到熟而不烂，预煮不足，氧化酶活动得不到破坏，蛋白质得不到凝固，细胞壁难以分离，盐分不易渗入，易使菇体变色、变质。预煮过度，组织软烂，营养成分流失，菇体失去弹性，外观色泽变劣。预煮后要及时冷却透心方可盐渍，以防盐水温度上升，使菇体败坏发臭而变质。

④食盐的纯度　食盐中除含氯化钠外还含有镁和钙等杂质，在腌制过程中会影响食盐向食用菌内渗透的速度。为了保证食盐迅速渗入菌体内，防止菇体腐败变质，生产中应选用纯度高的食盐。此外，食盐中硫酸镁和硫酸钠过多还会使腌制品产生苦味。

⑤盐水浓度　由扩散渗透的理论得知，腌制时盐水浓度越大，菇体食盐内渗量越大。为了达到完全防腐的目的，所用盐水浓度应在25%以上。

⑥温度条件　夏天气温高，微生物繁殖快，要迅速完全地腌制，抑制其他微生物活动，盐水的浓度要高些；冬季温度低，盐水浓度可适当降低。

⑦氧化的控制　缺氧是腌渍过程中必须重视的问题，缺氧条件下可有效地阻止菇体的氧化变色和败坏，同时还能减少因氧化造成的维生素C的损耗。所以，腌制时必须装满容器，注满盐水，不让菇体露出液面，装满后一定将容器密封，这样会减少容器的空气量，避免菇体与空气接触而氧化。

2. 速　冻

将采收后的平菇去除杂质，切根，留柄长2厘米左右。分瓣放入清水中洗净，沥去水分。将平菇瓣切成宽1.2～1.6厘米、长3～6厘米的条块，条块要切得均匀，尽量减少碎屑。将切好的平菇条块放入不锈钢篮内，经热水烫漂50秒钟左右，立即投入冷水中冷却至常温。撇去水中的碎屑，定量每袋7.5千克，投入离心甩水机中甩水30秒钟，以手握挤平菇无连续滴水为度。

将甩过水的平菇条块装入速冻盘，在 –35℃左右下冻 20～30 分钟，即速冻为成品。根据客户要求进行分装。将包装好的成品用冷藏车送入 –18℃的冷藏库内贮藏。

3. 干　制

干制平菇是将新鲜平菇经过自然干燥或人工干燥，使含水量减少到 13%以下，是一种既经济又大众化的加工方法。干制又称烘干、干燥、脱水等。干制设备可简可繁，生产技术易于掌握，可就地取材、就地加工。干制品耐贮藏，不易腐败变质。

干制平菇技术要点：①适时采收，采收后要防雨淋。②采收后的鲜菇迅速运往干燥室，并立即装入干燥机的烘筛中干燥。不能及时送入干燥机的鲜菇不要堆积，应放入预备烘筛中，置于日光下或通风处，以免菇体失去原有色泽、菌褶倒伏及变色，甚至腐烂。③按鲜菇的大小、厚薄分别装筛，单层摆放，可缩短干燥时间，提高成品质量，同时也有利于干菇的分级包装。④分级装筛，将平菇合理摆放于干燥机内。以 15 层的干燥机为例，上段（11～15 层）放小平菇；中段（4～10 层）放质量好的中叶、大叶平菇；下段（1～3 层）放质量较差的大叶平菇。

4. 冻　干

冻干即冷冻干燥，又称真空干燥或升华干燥，原理是先将菇体中的水分冻成冰晶，然后在较高真空下将冰直接气化而除去。干燥结束后，立即将干燥室充入干燥空气和氮气使其恢复常压，而后进行包装。冻干工艺主要包括前处理、速冻、升华干燥、解析干燥和后处理等主要环节。真空冷冻干燥设备装置系统的主要部分是干燥室。干燥室配有冷冻、抽气、加热和控制测量系统。原料经过冻结后，送入干燥室进行抽空，升温干燥，而后充入干燥空气和氮气、恢复常压，即可包装。冷冻干燥制品能够较好地保持平菇的原有色、香、味、形和营养价值，但干燥过程中需维持较高真空条件，能耗较大，与速冻产品相比成本费用较高，但冻干产品的高质量所附加的价值，可以弥补其成本高的缺点。

第八章

平菇病虫害防治

一、平菇病虫害的特点及综合防治措施

1. 病虫害发生特点

第一，发生侵染的病虫种类多，危害重。据初步统计，侵染培养料、菌丝体和菇体的杂菌、病菌和害虫种类达 100 多种，各种病菌和害虫在不同的季节以不同的方式与食用菌争夺营养，侵害菌丝和菇体。

第二，营养丰富的栽培基质，为病虫害繁殖提供了良好的营养来源。许多害虫和病菌以腐熟的有机质为食源，如跳虫、螨虫、瘿蚊、线虫、白蚁和蚤蝇等昆虫都喜食腐熟潮湿的有机质。在食源丰富的条件下，螨虫、瘿蚊能以母体繁殖的方式在短时间内快速地增殖后代。经灭菌熟化的木腐菌基质成为竞争性杂菌快速繁殖的基地，如木霉、根霉、链孢霉孢子落入基质内便能快速繁殖，与食用菌争夺养分。

第三，适宜的出菇环境，为病虫害繁殖提供了优越的条件。平菇菌丝发菌温度为 20℃～26℃，出菇温度为 10℃～25℃，培养基内水分为 65% 左右，出菇棚内空气湿度在 85% 以上。此环境条件同时也适合病虫害，使病虫繁殖和危害的速度也达到了最高值。

第四，平菇菌与病菌杂菌同属于微生物，需求性一致。平菇

菌与病原杂菌在营养需求、生长环境条件方面都表现一致，所以它们相伴相随，难以分开。许多杀菌药在杀菌的同时也伤害平菇的菌丝和子实体。

第五，栽培料上携带着多种病虫源。绝大多数杂菌和有害昆虫，其寄主都是农作物的残体。例如，稻草、棉籽壳、禽畜粪便等携带大量病菌孢子、菌体、螨虫、蚊、蝇等虫卵。因此，需要对栽培料做灭菌和发酵处理，以消灭或减少病虫源的基数，减少病虫害危害程度。

第六，病虫同时侵入、交叉感染。菇蚊、菇蝇携带螨虫和病菌，当其在培养基和菇体上取食和产卵时就会传播病毒、螨虫和病菌。

第七，菌丝和子实体营养丰富，病虫易于侵染。平菇以高蛋白质、低脂肪、低纤维、味道鲜美而受到人们的喜欢，同样也受到众多的微生物和昆虫的喜爱，而且平菇水分充裕、气味浓重，菌丝和子实体表层没有相应的保护层，所以轻易地成为各种微生物的食物。

第八，病虫分布广，药剂难以控制。多数致病菌隐蔽性强，食性杂，体型小，繁殖快，暴发性强，在栽培者还没有观察到时，已在栽培料内萌发繁殖，一旦发现已造成危害。

2. 病虫害防治措施

（1）农业防治

①加强预防意识　平菇的栽培特点是生产周期短，病虫害在出菇期和发菌期均有发生。虫害不仅危害平菇子实体，还严重危害栽培料，其幼虫钻入栽培料，咬断菌丝。出菇期间用药物防治，菇体将残留大量农药，而且防治效果甚微。因此，栽培者必须树立主动预防意识，防患于未然，要做好病虫害检测工作，一经发现，应及时采取措施，把病虫害消灭在初始阶段，防止其蔓延，把损失减少到最低限度。

②选用优良品种和优质菌种　选用适合当地栽培条件、抗病

虫能力强的优良品种；选用纯正、菌龄适宜、生命力旺盛的菌种，以保证接种后恢复快、吃料快，抗病虫能力增加。

③选用优质原料　使用新鲜、干燥、无霉变、无虫蛀的原料，培养料的选择和配制要充分考虑到栽培品种的生长发育需要，从而抑制杂菌，提高抗病能力。同时，要做好培养料的贮藏和保管，防止培养料雨淋，导致发霉、变质。

④调配好栽培料　拌料场地以水泥地为好，拌料时间以晴天为好，雨天湿度大时及晴天中午气温高时不宜拌料。配料时先混匀主料和辅料，再将溶于水的药液加入料中，用拌料机搅拌均匀。拌完的栽培料要进行含水量测定和 pH 值测定，两项均要达到相应指标。

⑤搞好栽培场所的环境卫生　菇房要远离饲养场、垃圾堆、粪便池，而且要接近水源，通风向阳，门窗及通风口要安装防虫网。种菇前，菇房内外要进行 1 次彻底的清理和消毒。生产中的废料应运到远离菇房的地方，生产场所做到无杂物、无污水、无废料。

⑥严格执行操作规程　生产中操作人员要严格按照平菇栽培中的操作规程操作，尤其是接种过程，对生产场所、接种工具、菌种和培养料包装物、接种人员都要认真消毒，保证在无菌条件下操作，并要求接种快速、高效。

⑦创造最佳生长发育条件　在栽培管理中，应根据平菇对其生长发育条件的要求，对温度、湿度、光线、酸碱度、营养成分、通气条件进行科学的管理，使整个环境条件适合平菇的生长发育而不利病虫和杂菌的滋生。

（2）生态防治

①发菌场地与栽培场地分开　发菌和出菇在同一环境下，病虫害易于交叉感染，容易造成污染，特别是在发菌室内重复感染，难于根除。只有分开场所，分别制种和栽培，才能保持菌种场地和栽培场地的清洁卫生。

②更换种植的品种　上季发生过致病性强的病害或虫害的

栽培房，不应连续栽培同一品种，防止同一种病虫再度暴发。例如，平菇的某一品种，在春季时发生了较为严重的褐斑病，那么在秋季栽培时应考虑更换其他的品种栽培。

③选用生命力强的抗病性品种 抗病性强的品种体现出品种的遗传优势，而菌种的生活力和纯度则由供种单位的生产技术和条件所决定。种植者在引用优良菌种的同时，更要了解品种的适温性，选择适宜季节出菇，才能更好地体现品种的高产性和抗病性。

④保持环境清洁干净 发菌场地、栽培场所保持清洁，通风透气，是提高成品率的基础条件。在生产过程中被污染的菌袋不能积压，应及时清除，保证水源干净，水沟通畅，空气清新。

⑤同一菇棚内尽量栽培同一品种 为了便于栽培管理和病虫害防控，在环境条件一致的菇棚内宜栽培同一品种。这样接种期和出菇期一致，以便采用统一的栽培措施，在温度调节、水分管理、病虫害防治等环节上均能达到统一性和有效性。

（3）物理防治

①加强栽培料灭菌处理，保证栽培袋的纯净度 菌袋灭菌时常压下100℃，保持12～16小时；高压下125℃，保持3～3.5小时，灭菌期间要保持温度平稳，不应低于温度指标。使用的菌袋要韧性强，无微孔，封口要严实，装袋时操作要细致，防止破袋，以减少污染。

②规范接种程序，严格无菌操作 菌种生产应按照无菌程序操作，层层把关，严格控制，生产出纯度高、活力强的优质菌种。操作人员穿戴好工作服，确保接种室的高度无菌状态。

③创造适宜的发菌环境，防止杂菌、害虫发生 发菌室应具备恒温条件，避免温差过大。温度应保持在18℃～24℃，而且要干燥、通风，遮光培养，减少蚊、蝇飞入产卵危害。

（4）化学防治

①加强栽培料的药剂预防处理 平菇大规模生料栽培场地，

周年性循环生产，场内空气中杂菌含量较高，污染途径较多。因此，有必要在栽培料中加入微量的杀虫、灭菌药，以有效地抑制竞争性杂菌繁殖，提高菌袋成品率。例如，50% 噻菌灵悬浮剂和 45% 咪鲜胺乳油 2 000 倍液，能有效抑制木霉、根霉、曲霉的发生，保证食用菌菌丝的正常生长。用 25% 除虫脲可湿性粉剂 4 000 倍液喷洒发酵料并拌匀，能有效地杀灭培养料发酵期和发菌期的蚊、蝇和跳虫等害虫，保证发菌安全。

②强调覆土材料消毒处理　土壤能吸水保湿，刺激菇体形成，但土壤也是许多病菌和昆虫滋生的场所，因此在使用前必须用化学药剂进行杀菌灭虫处理。覆土材料宜推广使用河泥砻糠土，这是因为河泥在嫌气状况下，好气性致病菌少，且保湿性好，在 2～3 潮菇内基本不用浇水也能保持土壤水分。用旱地土和水田土作覆土材料，应用5%石灰拌土后再在太阳下暴晒几天，使用前的 5～7 天，再喷施 50% 噻菌灵悬浮剂或 45% 咪鲜胺乳油 2 000 倍液，用薄膜覆盖闷置 5 天后投入使用。

③选择在出菇转潮期防虫治病　用药防治病虫危害，应在出菇转潮期料面无菇时进行。在出菇期间不宜用药，防止菇体药害和药剂残留超标；同时，应选择高效低毒生物性药剂，可选用苏云金杆菌以色列变种（简称 Bt）、甲氨基阿维菌素苯甲酸盐、硫酸链霉素等安全性药剂。

二、常见杂菌及防治

平菇的菌种生产和人工栽培过程中，经常遭到木霉、青霉、曲霉、链孢霉、根霉和毛霉等多种杂菌污染，尤其是在高温季节（夏季和早秋），杂菌污染更为严重。这些杂菌能快速地在培养料上生长，并分泌毒素抑制平菇菌丝生长和子实体形成，常常导致成批的菌种、栽培种、栽培袋报废，成批的培养料变质霉烂，最终导致栽培的失败。因此，在生产中，尤其是菌种生产和菌丝培

养阶段，防止杂菌污染，是获得平菇栽培成功的关键。

1. 绿霉菌

（1）危害特点　绿霉菌又称木霉、绿色木霉，是一种发生普遍、危害严重的污染杂菌。这种杂菌适应性强，生长迅速，传播蔓延快，广泛分布于栽培料、土壤、肥料及空气中。空气流动、昆虫、螨类可传播病菌，也可通过消毒不彻底的生产工具或培养料传入侵染。孢子在酸性菌种培养基、生料栽培料、潮湿木板和未清除的死菇上容易滋生蔓延，也易在覆土中未分解的有机物上及平菇生料袋上生长繁殖。它除了与菌丝争夺培养料中的养分、水分和分泌毒素抑制食用菌菌丝的生长外，还可直接寄生在平菇的菌丝上。温度高于22℃是该菌暴发的主要条件，其菌丝较耐二氧化碳，在通风不良的环境下绿霉菌丝能大量繁殖，快速地侵染培养料，侵染后很快形成绿色的菌落，平菇子实体生长阶段遇高温、高湿的环境极易感染绿霉，处理不及时，会造成减产或绝收。另外，培养料 pH 值小于 6 更适合该菌生长。

（2）防治方法　①保持制种及发菌场所环境清洁干燥，无废料和污染料堆积，同时远离鸡舍、猪圈等，并加强虫害防治，定期喷施杀菌药和杀虫药。②栽培料要新鲜、干燥、无霉变。陈旧的栽培料，最好经日晒处理；发霉结块变质的栽培料不适宜生料栽培，可采用熟料或堆制诱发灭菌法栽培。③控制水分。配料时严格按规定的数量加料加水、拌匀，防止过碱、过酸或结块，防止水分过多，避免装料过紧。④菌种栽培料配制时应少用麸皮、糖、磷酸二铵等，特别是高温季节栽培时，最好不用。生料栽培，培养料中加入 2%～3% 的石灰粉，可有效地预防霉菌生长，同时不影响平菇菌丝的正常生长。⑤提倡采用灭菌熟料栽培方式，彻底杀灭培养料中的杂菌。同时，选用质量好的菌种袋和栽培袋，装料、搬运时轻拿轻放，防止袋表面有破口。⑥把好接种关，要选用生活力强的适龄菌种，适当加大接种量。接种箱（室）严格杀菌，接种过程要迅速、准确，尽量减少人带杂菌。

⑦发菌期培养室要保持清洁干燥，并具有良好的通风条件，特别是在高温阶段要加强通风，严防高温烧菌，引发杂菌污染，并定期用臭氧发生器或紫外线灯杀灭空气中的霉菌孢子。⑧培养阶段发现污染的菌袋，及时剔出培养室，远离菌种房进行处理。污染情况不管是轻还是重，均不要用药处理，药剂处理不仅易产生农药残留，而且处理的效果很差，没有实际意义。通常的处理方法是将污染轻的培养料倒出，再加一些新料重新装袋回锅灭菌。污染重的培养料可集中堆制发酵用作肥料。

2. 青　霉

（1）危害特点　青霉是食用菌菌种分离、菌种生产和栽培过程中广泛引起污染的一种杂菌。青霉存在于多种有机物质上，多为腐生或弱性寄生。培养料中的麦麸、米糠等辅料是青霉菌滋生的条件，致病后所产生的新分生孢子，可通过人工喷水、气流、昆虫等媒介再一次传染。多数青霉菌在酸性环境、温度为28℃以下容易感染。酸性的环境和培养料较易发生。在菌丝生长期污染青霉菌，食用菌的菌丝生长受抑制或不能生长。

（2）防治方法　保持接种室、培养室、栽培室内外环境干净卫生，栽培室四周要进行药剂消毒；培养料可用0.1%～0.2%的50%多菌灵可湿性粉剂和3%～5%的石灰溶液拌匀；低温接种，恒温发菌；加强发菌期的检查，发现污染袋及时运出，降低重复污染率；及时采菇，摘除残菇和病菇，当出现虫害时及时用药防治，同时加强通风管理，降低棚内湿度。

3. 链 孢 霉

（1）危害特点　链孢霉是高湿季节平菇发菌期间产生的主要杂菌。该菌最初的感染源主要来自空气，一旦着落在潮湿的菌袋上，孢子会很快萌发，通过料袋破损处钻入袋内，该菌好氧，感染病菌的栽培袋在袋内不易产生孢子，而是在袋口及料袋破损处长出一团橘黄色的孢子团，孢子粉随着空气传播，扩散到其他菌袋袋口和破袋内进行重复感染。在气温为25℃～35℃、培养料

含水量为 60%～70% 的条件下特别适宜病菌生长。一旦发现个别菌袋长出链孢霉菌，立即用塑料袋套上，移出菇房，放置在远离发菌场所的地方处理。该霉菌生长快，传播力极强，对食用菌菌种生产和瓶、袋式栽培的威胁很大，在菌种生产和熟料栽培过程中，常常引起整批菌种或栽培袋报废。

（2）**防治方法**　用棉塞封口时，培养料不宜装得太满，要与棉塞留有一定距离。在培养料灭菌结束后要烘烤棉塞，防止棉塞受潮。接种时要及时换掉潮湿的棉塞，这是最关键的措施。培养时温度控制在 24℃以下，空气相对湿度控制在 60% 以下，保持空气流通，避免高温、高湿。其他防治方法措施与绿霉菌的防治相同。

4. 根　霉

（1）**危害特点**　根霉是高温期间菌种生产和栽培过程中常见的一种污染杂菌，危害食用菌最常见的根霉种类为黑根霉。根霉孢子或菌丝随空气进入接种口或破袋孔，在富含麸皮、米糠的木屑培养料中繁殖迅速，在 25℃～35℃条件下只需 3 天，整个菌袋便长满了灰白色的杂乱无章的根霉菌丝。木屑、麦麸培养基受根霉危害后，培养基质表面形成许多圆球状小颗粒，初为灰白色或黄白色，后转变成黑色，到后期出现黑色颗粒状霉层。由接种时带入的根霉，优先萌发抢占接种面，抑制食用菌菌种萌发，导致接种失败。根霉为喜高温的竞争性杂菌，广泛分布于空气、水塘、土壤及有机残体中。菌丝只分解吸收富含淀粉、糖分等速效性养分，因此熟化的培养基在高温期间接种和发菌时极易遭受侵害。生料和发酵料不易遭受根霉侵害。温度在 25℃～35℃时是根霉繁殖最活跃期，20℃以下时其菌丝生长速度下降。根霉抗药性强，用多菌灵、硫菌灵等农药拌料不能控制根霉生长。在 pH 值 4～7 的范围内，根霉菌丝生长较快。

（2）**防治方法**　一是将培养室的温度控制在 22℃以下，空气相对湿度控制在 70%以下，能有效防止此病菌的发生，降低危害程度。二是适当降低培养料中麦麸含量，尽可能地不加糖。菌种生产中一旦出现根霉菌立即搬离培养室，集中处理；栽培菌袋大面积感染此菌，若不丢弃或烧毁继续培养的，当菌丝长满整个菌袋后仍可出菇，只是产量会受影响，同时出菇时间会比正常的菌袋迟一些。其他防治措施与绿霉相同。

5. 曲　霉

（1）危害特点　侵害平菇培养料的曲霉主要有黄曲霉、黑曲霉、灰绿曲霉等。在食用菌的制种、栽培袋制作和发菌过程中，曲霉的污染很普遍，尤其在多雨季节，空气湿度偏高，瓶口棉花塞潮湿，极易产生黄曲霉。在灭菌过程中，常因温度偏低或保持时间不够，导致灭菌不彻底，栽培料中曲霉孢子未经杀死，在发菌 10 天后袋内出现斑斑点点的曲霉菌落，导致整锅栽培料报废。南方多雨的地区，曲霉污染周年发生，从试管种到栽培袋均会遭到不同程度的损失。在马铃薯琼脂培养基上常因棉塞受潮后感染上黄曲霉，进而污染试管内的菌种。在麦粒或培养基中，常因水分过多，麦皮、谷皮开裂，遭受曲霉侵染而报废。曲霉分布广泛，在各种有机残体、土壤、水体等环境中生存，分生孢子随气流漂浮扩散。孢子萌发温度 10℃～40℃之间，最适生长温度 25℃～35℃。当培养基中含水量在 60%～70% 时生长最快；培养基含水量低于 60% 时，生长受到抑制。孢子较耐高温，在 100℃条件下 10～12 小时或 125℃以上保持 2.5～3 小时才能彻底杀灭基质内的曲霉孢子。

（2）防治方法　生产中防止灭菌过程中棉花塞受潮，一旦发现，应在接种箱内及时更换灭过菌的干燥棉塞。接种前菌种或试管前端都需要在酒精灯上熏烧后才可使用。接种时严格检查棉塞上是否长有曲霉。同时，在培养的过程中要经常检查棉塞上是否受到曲霉菌的污染，发现污染要及时捡出。其他措施与绿霉相同。

6. 毛 霉 菌

（1）危害特点　毛霉菌亦称长毛菌，是菌种生产和栽培过

程中经常发生的一种污染杂菌。受污染的培养料，初期生出灰白色稀疏的菌丝，生长速度明显快于食用菌菌丝。后期形成许多黑色分生孢子，孢子成熟后在空气中飘浮传播。多发生于高温、潮湿和空气不流通的环境。在菌种生产过程中，培养料、接种室（箱）灭菌不彻底及接种人员没有严格按无菌操作规程接种，或菌种瓶、袋的棉塞受潮等，均可造成毛霉菌污染。

（2）防治方法　以防为主，从培养料拌料、装袋、接种和菌丝培养的全过程，科学、认真地把好每一关，具体防治措施与绿霉相同。

7. 胡桃肉状菌

（1）危害特点　核桃肉状菌又名狄氏裸囊菌、脑菌、假块菌等，它的子囊果很像胡桃肉，所以被称为胡桃肉状杂菌，是高温期发生的危害性很强的竞争性杂菌。胡桃肉状菌的分生孢子和子囊孢子可随风飞散，或经人和工具传播。子囊孢子可潜伏在菇房、床架和周围场地等环境中休眠，遇到适宜条件便重新萌发，产生危害。发生胡桃肉状杂菌的菇房，由于其休眠孢子的反复感染可在栽培中连年发生，因而危害严重。胡桃肉状菌菌丝白色、粗壮，侵染初期很难与平菇菌丝区别，如果在平菇发菌时或发菌期间已存在于培养料里，菌丝虽已发满菌袋却很难出菇，掰开菌袋，可以闻到一股刺鼻的漂白粉味，温度合适时，袋两头会出现核桃肉状病原菌子囊果。该病菌也特别容易发生在在二潮菇或春季出菇的菌袋上。如果核桃肉状菌在脱袋覆土后侵染，病区内出菇少、菇小，严重时出现无菇区，在土层形成菜花状病原菌子囊果。该病菌喜高温、高湿，在20℃～35℃时侵染力最强，培养基含水量达70%、菇房空气相对湿度达85%以上时，孢子迅速萌发形成菌丝。

（2）防治方法　①菇棚使用前进行严格消毒处理。每立方米可用高锰酸钾5克、甲醛10毫升密闭熏蒸。2天后开启通风，即可使用。老菇房可将地面表土层3～4厘米铲去，挖取菜地下层土壤进行回填。②培养料调制时，pH 值应呈碱性反应。③挑选优质菌种，剔除有硬块或有漂白粉味道的菌种。④采用熟料栽培，若用生料栽培时，应当拌入多菌灵等真菌性杀菌剂；若用发酵料栽培，应使料充分升温、腐熟。⑤发菌温度尽量控制在10℃～16℃，料内温度应控制在25℃以下。⑥保持菇棚内空气畅通，避免高温高湿，棚温控制在25℃以下，出菇期空气相对湿度控制在85%～90%。⑦一旦发现栽培袋受到侵染，应立即将栽培袋挑出或将覆土栽培袋完全挖除，并用50%多菌灵可湿性粉剂800～1 000倍液，或5%石灰水喷洒周围。清除的病菌子实体，应远离菇棚深埋，防止病菌孢子传播。⑧及时清除废料残菇，保持菇房清洁卫生。

8. 细　菌

（1）危害特点　污染菌种或培养料的细菌主要是芽孢杆菌、荧光假单孢杆菌和欧氏杆菌等。这些细菌在马铃薯蔗糖琼脂培养基上生长时，培养基表面出现潮湿状或脓状的菌落，常散发出一种恶臭气味。平菇栽培引起细菌污染主要有两种情况：一是培养料灭菌不彻底。尤其是芽孢杆菌的抗高温能力最强，其形成的休眠芽孢，必须通过121℃高压蒸汽灭菌或正规的间歇灭菌处理才能杀死。因此，在灭菌时若冷空气没有排除干净或压力不足，或保压时间不够，是造成细菌污染的重要原因。二是菌种带有细菌，转管或接种后污染一片。此外，培养料含水量偏高、高温有利于污染细菌的生长，生料栽培或发酵不完全的培养料也易受细菌污染。

主要在菌种分离、母种扩大或转管时遭受细菌污染。

（2）防治方法　①在菌种分离和母种扩大培养过程中，要保证培养基、培养皿等灭菌彻底。一般应在母种大量转管之前，先取2管经灭菌的培养基置于28℃～30℃恒温培养箱中培养2～4天，经过检验，确无细菌污染时再进行转管。②母种转接之前，要认真检查接种用的母种是否带菌，确保菌种纯度。菌丝没有长

满管即菌龄太嫩的母种不能用作菌种转管繁殖，否则，转接后特别易感染细菌。③进行菌种分离时，可在经过灭菌的培养基中加入少量的硫酸链霉素等抗生素，防止细菌生长。抗生素的使用浓度为每毫升100～200单位。滴加抗生素时，要在无菌操作条件下进行。④生料栽培时，要求栽培原料新鲜无霉变，并进行高温堆制发酵。堆料要选择温度较高的晴天在阳光下堆料，料堆温度要达到62℃以上。若温度上不去，极易污染细菌使料堆发臭。拌料要用干净的自来水、井水或大河水，小池塘的水不能用，并严格控制含水量。拌料时应加入少量石灰，适当调高pH值呈碱性，可以抑制细菌生长。

9. 细菌性褐斑病

（1）危害特点 发病的平菇在菌盖及菌柄上出现椭圆形或梭形的褐色或红褐色病斑，初期针头状大小，后期病斑扩大，其直径可达2～4厘米。病斑大小比较一致，边缘整齐，中间凹陷。在潮湿条件下，病斑表面有一层菌脓，干燥后则形成粘在病斑上的菌膜。病斑与病斑连合形成不规则的大斑块，颜色加深为铁锈色，严重时子实体一片焦黄，变形，干巴收缩。幼菇常干枯腐烂。该细菌平时习居于土壤或不清洁的水中。病菌主要通过培养料、气流、喷水或昆虫叮咬进行传播。向菇体喷洒带病菌的不洁水，加上温度、湿度过高造成菌盖表面长时间有水膜，使病原病菌大量繁殖，引起初发病。该病常见于初秋和春末阶段，初发病时往往不被重视，在加湿喷重水时，水花飞溅，棚内飞虫较多，从而导致褐斑病迅速传播。

（2）防治方法 ①幼菇不喷水，菌盖表面不长时间积水。②控制菇棚温湿度，出菇期间菇房温度控制在18℃以下，空气相对湿度不要长时间超过95%，每次喷水后均应及时通风换气，使菌盖表面保持不积水；喷水一定要用洁净的清水（新井水或用克霉灵净化），不要用坑塘水，防止水源污染；昼夜温差大时，通过开关通风口及揭盖棚顶覆盖物来缩小温差，同时注意防止傍晚前后

在棚内产生雾。③初秋和春末如棚内有菇蚊、蝇等飞虫，可喷施2.5%高效氯氟氰菊酯乳油2000～4000倍液，以防病菌通过害虫进一步迅速传播。④褐斑病发生后可根据病情合理用药，可用每毫升200单位硫酸链霉素溶液喷洒染病菇体及清除病菇后的料面。用药后一定要改善菇棚条件才能收到最佳效果。

10. 软腐病

（1）危害特点 主要危害平菇栽培料面及子实体上。发病初期在栽培料表面长出白色绵状菌丝，高温高湿条件下，菌丝生长迅速。当覆土或栽培料面长满菌丝后，病菌从子实体的菌柄基部侵染，感染后子实体的菌柄从基部向上呈淡褐色软腐，但无臭味，并在菌柄和菌褶处长出一厚层白色绵状菌丝。发病轻的子实体不出现软腐症，但生长发育受阻，整个子实体呈黄白色，在平菇棚内经常会看到此类病菇。病原菌是指孢霉菌，霉菌孢子在菇体或覆土表面长成菌落，产生孢子，随气流或溅水传播。覆土、培养料过湿或低温时易发生此病。

（2）防治方法 ①加强出菇期的管理，菇房保持干湿交替，浇水后加强通风，降低菇房湿度。②覆土及培养料表面局部发病时，将菇全部采完后，用70%甲基硫菌灵可湿性粉剂500～800倍液喷雾；加强菇房通风，减少喷水次数，降低表土和空气湿度。③严重发病时，清除病菇，扒掉覆土层、培养料面的白色菌丝层，集中处理。将菇全部采完后，病部撒石灰粉或用70%甲基硫菌灵可湿性粉剂500～800倍液喷雾防治。

11. 猝倒病

（1）危害特点 猝倒病又叫枯萎病、萎缩病，主要发生在平菇菌柄处，侵染菌柄髓部，使菇体逐步萎缩、僵化，变成褐色。平菇的幼菇受病菌侵染危害后，生长停止，呈黄褐色萎缩直至幼菇枯萎死亡。病原是镰刀菌，主要通过土壤、培养料和周围环境传播，在通风不良或覆土太厚的条件下容易发生。

（2）防治方法 ①选用新鲜、干燥的培养料，并进行高温堆制发酵处理。覆土也要进行灭菌处理，以杀死培养料和覆土中的病菌。②用70%甲基硫菌灵可湿性粉剂500倍液对土壤和环境喷洒灭菌消毒。③发病初期及时清除病菇，将菇全部采收后，用铜铵溶液（1份硫酸铜+11份硫酸铵），或70%甲基硫菌灵可湿性粉剂500倍液喷洒，并加强通风。

12. 酵 母 菌

（1）危害特点 酵母菌没有丝状菌丝结构，培养料受酵母菌污染后，引起培养料发酵变质，散发出酒酸气味，主要污染培养料，特别是生料栽培培养料，使培养料发酵变质，食用菌菌丝不能生长。一般多从料中间开始发生。在培养料含水量过高、气温较高和通气不良的情况下容易发生。

（2）防治方法 熟料栽培时，培养料灭菌要彻底，在接种时要严格无菌操作规程，保证菌种质量。生料栽培要进行发酵处理，拌料的水要清洁，培养料含水量不能高，调节pH值至8～8.5，菌丝生长期间要加强通风，并防止高温和积水。一旦发现培养料散发出酒、酸气味，可用石灰水浇灌，控制酵母菌繁殖。

13. 鬼 伞

（1）危害特点 鬼伞危害平菇，多发生在生料、发酵料栽培袋内和栽培床上。鬼伞侵染栽培料，在子实体出现前，床面或料袋表面没有明显症状，待子实体长出料面后，可看到许多灰黑色小型伞菌，即为鬼伞。鬼伞子实体生长快，主要是与食用菌菇体争夺营养，影响菇的产量。鬼伞孢子靠空气流动散发，吸附在潮湿的培养料上生长蔓延。发生鬼伞的原因：培养料霉变带有鬼伞孢子；新鲜畜粪或麦麸、米糠等氮源用量过多，培养料偏酸，高温、高湿的环境条件，有利于鬼伞生长。

（2）防治方法 ①培养料要求新鲜、干燥、无霉变，配料时控制合理的碳氮比，防止氮素用量过多，并加入2%～3%的石灰，使培养料的pH值呈碱性。②培养料堆制发酵时提高堆温，降低氨气的含量。在室外堆制发酵培养料时，若已经发生鬼伞，

则应将产生鬼伞的培养料翻入料中间料温度高的部位，通过发酵来杀死鬼伞孢子。③防止培养料过湿，培养时保持通风干燥，可预防鬼伞暴发。④发生鬼伞，应及时摘除深埋或烧毁。

14. 裂 褶 菌

（1）危害特点 病菌主要生长在腐朽的阔叶树上，传播途径除了靠气流将孢子传染培养料之外，更主要的是木屑上带菌，而带菌木屑在拌料时由于水分搅拌不匀，未吃透水分，无法灭菌彻底，而造成该杂菌的污染。裂褶菌丝的生长温度为10℃～42℃，最适合生长温度为28℃～35℃。

（2）防治方法 装袋前将培养料搅拌均匀，让培养料吃透水，使培养料彻底灭菌可有效防止该病菌的发生。

三、常见害虫及防治

随着平菇栽培的规模不断扩大以及周年栽培方式的发展，虫害日趋严重，呈现出了种类多、生活习性复杂等特点。营养丰富的栽培料和适宜的出菇环境危害虫提供了优越的条件，侵染平菇的主要有菇蚊、菇蝇、跳虫、线虫、螨虫、蛞蝓（鼻涕虫）和鼠类。在发菌期，它们取食平菇的菌丝体，造成退菌；在出菇期，它们咬食平菇的原基和菇体，造成原基消失，菇蕾萎缩，停止发育，直接造成减产或影响菇体外观，失去商品价值和食用价值。另外，有些害虫本身就是传播病菌的媒介，身体上带有的各种杂菌，在被害部位导致腐生性细菌或其他病原物侵染食用菌，引起病害流行，从而造成更大损失。另外，还有些害虫蛀蚀菌袋，加快菌袋腐烂，缩短持续出菇时间，造成间接危害。

1. 菇蚊、菇蝇

（1）菇蚊危害特点 菇蚊以幼虫危害菌丝体或子实体。幼虫在培养料内直接取食菌丝及培养料中的养分，影响发菌。出菇后也是以幼虫（菌蛆）爬到子实体上取食孢子或蛀食菌皮等，有的

幼虫在菌褶中，有的钻入菌柄内，有的吐丝结网将菇体罩住，严重发生时1个小菇体就有几十条甚至几百条菇蚊。原基被蛀食后不再成菇；菇蕾被蛀食后呈海绵状，造成发黄、枯萎死亡。

（2）菇蝇危害特点　以幼虫危害培养料、菌丝与子实体。幼虫从菇蕾基部侵入，在菇柄内上下蛀食，咬食柔嫩组织，使菇体变成海绵状，最后将菇蕾吃空，一般只危害小菇蕾及菌丝，造成大量死菇和烂菇。生料、发酵料栽培时，幼虫孵化很快，以群居危害，造成发菌失败。

（3）防治方法　①搞好菇房及周围场所的环境卫生。周围环境不清洁往往是菇蚊滋生的场所，所以菇房内的废残料要及时清除干净，废料清出后要及时打扫干净，并打开门窗大通风，使用前再用硫黄或甲醛消毒处理。菇房四周不能堆放垃圾、杂草等。②合理选用栽培季节与场地。选择不利于菇蚊、菇蝇生活的季节和场地栽培平菇。在菇蚊多发地区，把出菇期与菇蚊、菇蝇的活动盛期错开。③菇蚊喜食腐殖质，能被食用菌菌丝散发出的香味诱集入菇房，因此，在菇房的门、窗和通气孔安装60～80目尼龙纱窗，可防止成虫飞入繁殖危害。菇房门窗上悬挂高效氯氟氰菊酯乳油浸蘸过的棉球，熏杀成虫，棉球定期更换。④在成虫羽化期，菇房上空悬挂杀虫灯，每间隔10米距离挂1盏灯，晚间开灯，早上熄灭，诱杀成虫，减少虫口数量。在无电源的菇棚可用黄色的黏虫板悬挂于菇袋上方，待黄板上黏满成虫后再换上新虫板使用。⑤采用发酵法处理时，翻拌料的过程中及结束后要喷施杀虫剂，杀灭孵化的幼虫。可用50%敌敌畏乳油500倍液，或2.5%溴氰菊酯乳油2500～3000倍液喷洒。⑥转潮出菇前可用20%除虫菊酯乳油1000倍喷雾杀死成虫，菇房及四周空地均要喷到。

2. 螨　虫

（1）危害特点　螨类别名菌虱、红蜘蛛，属蛛形纲。常见危害平菇的害螨主要有跗线螨、红色辣椒螨、食酪螨。螨形体很小，一般成螨的体长0.3～0.8毫米，在放大镜下才可见到成螨的4对足。螨类喜栖温暖、潮湿的环境，常潜伏在稻草、米糠、麦麸、禽舍中生长繁殖，并随同稻草、培养料及其他材料进入培养室或菇房，少数种类也能吸附在蝇、蚊等昆虫体上进行传播。螨类能把平菇的菌丝体咬断，引起菌丝枯萎，也能咬啮小菇蕾及成熟的子实体。菌丝被螨类危害后，由白变黄且在培养料上布满一层白色、黄色或褐色的粉状物，粗看似米糠，细看会爬动。在菌种生产或栽培袋被害螨侵入后会出现菌丝生长不良、茸毛状菌丝减少，严重时菌丝退化消失，称之为退菌现象。发生螨害，少量时影响结菇能力；大暴发时，培养料变黑腐烂。子实体被螨危害后，先出现黄色、褐色或棕色的变色斑，而后在菌柄、菌盖上出现不规则的凹陷，边缘深褐色，使子实体丧失商品价值。

（2）防治方法 ①菌种培养室和菇房应与禽舍、粮食、饲料仓库保持一定距离，并在培养室和菇房内外经常喷洒杀螨虫的药剂，防止螨类入侵菌种、栽培菌袋（筒）和出菇房。特别是老菇房，栽培袋入棚前必须进行1～2次全面消毒，以杀死藏匿在菇房中的所有害螨。②种源带螨是导致菇房螨害暴发的主要原因，加强菌种检查，选用无螨菌种，避免有螨害的菌种用于生产。③选用新鲜干燥的原材料作培养料，并进行高温灭菌或发酵处理。④在转潮出菇前，用洗衣粉400～500倍液喷施。⑤糖醋液诱杀。在5千克糖醋液中加入50～60毫克敌敌畏，取一块纱布放在药液中浸湿后覆盖在床面上，待菌螨爬上纱布后将其放在药液中加热杀死。纱布重浸糖醋液即可重复使用。按此方法，每隔几天进行1次，可收到很好的效果。

3. 线　虫

（1）危害特点 有口针的线虫，依靠口针（含有消化液）穿入被害的菌丝体内，消化液通过口针也同时进入菌丝细胞内，吸食和消化菌丝细胞的营养物质，从而使菌丝生长受阻，甚至萎缩消失，培养料变湿、变黑、发黏。没有口针的线虫，常群集在一起，依靠头部快速而有力地搅动，促使食物断成碎片，然后进行吸吮和吞咽，受损的原基或不再出菇，或发育成盖薄小、黄色、褐色软腐的畸形菇。线虫蛀食之后，往往为其他病原菌创造入侵的条件，从而加重或诱发各种病害的发生。线虫具有繁殖力强、活动范围小（水膜存在区）、团聚和混合发生的特点。由于虫体微小，肉眼无法观察到，常误认为是杂菌危害，或是高温烧菌所致。线虫虽然不能吞子实体，但能在菇体上传播病害，轻者给菇体留下褐色的伤痕，重者能导致菇体腐烂发臭。其侵染途径：①土壤。土壤是线虫的根据地，而菌袋长时间与土壤接触，当温度与湿度条件适宜时，线虫便能轻而易举地进入菌袋。②水源。使用含有线虫的水源浸泡菌棒，或喷水补湿，或多雨季节都会给线虫的危害创造较多的机会。③菇房。老菇房的四壁、地表缝隙和已使用多年的栽培床架，以及室外搭遮阳棚的材料中均有线虫的虫卵和休眠体潜伏，当环境和食料条件合适时会复苏侵染。④废料和烂菇。废料和烂菇中，带有一定数量的线虫及其休眠体，如果不及时清理，可造成线虫危害。⑤昆虫和螨类。它们的身体上常常附着有大量的线虫，借助这类中间媒介，线虫可在较大的范围内传播侵染。

（2）防治方法 ①搞好栽培场所的清洁卫生，菇房用前用2.5%高效氯氟氰菊酯乳油2000～4000倍液喷雾处理，地面不积水，控制蚊、蝇、螨类等害虫入侵危害。适当降低培养料内的水分和栽培场所的空气湿度，创造不利于线虫生存的环境，减少线虫的繁殖量。②强化培养料和覆土材料的处理，尽量使用发酵料和熟料栽培，利用高温杀死料中的线虫。③无论拌料或管理用水都要取干净的井水、河水或自来水。有条件的可对水进行净化处理，一般每立方米水中加含30%有效氯的漂白粉0.25千克，或加生石灰10千克。出菇期水分管理采用干湿交替的方式进行。④出菇结束后要及时清除残留在菇房内的烂菇及废料。室外菇场利用日光对地面充分暴晒。对老菇房和床架材料，用10%石灰水涂刷，或2.5%高效氯氟氰菊酯乳油2000～4000倍液喷雾处理。⑤药剂防治。用5%食盐水或1%～2%石灰水对菌袋喷雾控制；对子实体则可用1%冰醋酸，或25%米醋，或0.1%～0.2%碘化钾溶液喷雾控制。

4. 蛞　蝓

（1）危害特点　蛞蝓别名鼻涕虫、黏虫。蛞蝓身体裸露，柔软，无外壳，暗灰色、黄褐色或深橙色，有2对触角。白天潜伏在石头、草丛、腐烂的草堆中和阴暗潮湿的角落里，夜间出来觅食，阴湿、通风不良的菇房易受到蛞蝓的危害。蛞蝓直接取食平菇子实体，将子实体咬成缺刻或锯齿状，失去商品价值。经蛞蝓爬行过的子实体，常留下一条白色黏质带痕，影响产品的质量，同时还携带和传播病害，常造成病虫及杂菌从伤口侵染引发多种病害。

（2）防治方法　①搞好栽培场所的环境卫生，清除蛞蝓白天躲藏的场所，如砖、石块、枯枝落叶和杂草等。在菇房地面和四周撒上干石灰粉，无土面露出，减少蛞蝓的躲藏场所。②利用蛞蝓昼伏夜出黄昏危害，或晴伏雨出在阴雨天危害的规律进行人工捕杀。在蛞蝓常出入活动的场所喷洒高锰酸钾和食盐水驱杀。③蛞蝓大发生时，将菇提前采摘，然后喷施高效氯氰菊酯乳油500倍液，可将蛞蝓杀死。

5. 蜗　牛

（1）危害特点　蜗牛食性杂，能取食多种食用菌品种和蔬菜茎叶。危害平菇时，用尖锐小齿舐食平菇的子实体，造成许多孔洞和缺刻。潮湿的环境条件下，在蜗牛爬行过的菌盖上会留下一道白色透明的分泌物。危害食用菌的蜗牛种类较多，有灰蜗牛、同型巴蜗牛、江西巴蜗牛和华蜗牛等。其中，灰蜗牛1年发生1～1.5代，寿命达24个月。每年的4月份，温度20℃以上时蜗牛开始活动，11月份进入越冬期。

（2）防治方法　一是在蜗牛的活动盛期，用人工捕捉的方式，

可消灭大量的蜗牛。二是在蜗牛的躲藏地，撒上石灰粉或5%食盐水进行驱杀。

6. 跳虫（烟灰虫）

（1）危害特点　菇房中常见的跳虫是黑角跳虫、黄疣跳虫、菇紫跳虫、紫跳虫等。其颜色和个体大小因种类而异，但都具有灵活的尾部，弹跳自如。跳虫体表具油质，不怕水，多发生在潮湿的老菇房内，常密集在床面或阴暗处。主要咬食平菇的子实体，且多从伤口或菌褶侵入。一个完整的菇体被害3天，就不堪食用，更不能作为商品。条件适宜时，跳虫在菇房内每年可发生6～7代，繁殖极快。发生严重时，菇床上好像铺了一层烟灰状的粉末，所以跳虫俗称烟灰虫。

（2）防治方法　①跳虫是栽培场所过于潮湿和卫生条件欠佳的指示性害虫，故应搞好栽培场所的清洁卫生，防止菇房过湿和周围积水。发生严重时可喷洒0.1%鱼藤精或1∶150～200除虫菊酯溶液。②药剂诱杀。出菇前，可喷洒80%敌百虫可溶性粉剂500倍液或40%乐果乳油1 500倍液。出菇期间，可在子实体采摘后喷洒25%菊乐合剂（氰戊菊酯和乐果1∶2混配而成）1 500倍液。③采收后将80%敌敌畏乳油1 000倍液喷于纸上，再滴上数滴糖蜜，将药纸分散进行诱杀。此法效果很好，既安全又无残毒，还能诱杀其他害虫。

7. 老　鼠

（1）危害特点　老鼠有家鼠和田鼠等种类。在食用菌的菌种生产和菇袋发菌期间都易遭受鼠害，尤其是麦粒菌种在发菌期间被老鼠找到后，它能拔掉瓶口棉塞或咬破薄膜袋咬食麦粒。老鼠携带多种病菌，被害后的菌袋被杂菌污染而报废。在高温期间被老鼠扒出的培养基上常长出链孢霉，污染整个发菌室，迫使生产中断。老鼠昼夜活动，黄昏和黎明是两个活动高峰，在室内白天常见老鼠外出觅食。

（2）防治方法　一是保持发菌场所和菇房清洁卫生，不能在菇房内外堆放生活垃圾。菌种房要有能封闭的门窗，防止老鼠侵入危害。二是在菇场内养猫防止鼠害。禁止在培养料上投放鼠药，以免菌丝吸收后引发人食用后的二次中毒。

四、常用药剂及病虫控制器

1. 常用的消毒药剂

（1）酒精 无色透明，具有特殊香味的液体（易挥发），呈弱酸性或中性，对人刺激性小，对物品无损害，属微毒类。可杀灭菌体使蛋白质变性，但不能杀死细菌芽孢和真菌孢子。主要用于菌种袋、菌种瓶表面的擦洗，接种工具的浸泡，接种人员的手面消毒等处理。消毒用时需将 95% 的原液稀释成 70%～75%。酒精灯燃烧时用 95% 的浓度。生产中应选用医用或食用型酒精，不能用工业酒精或甲醇代替。

（2）高锰酸钾 有毒性且对人的皮肤有一定的腐蚀性，可杀死细菌体和菌丝片断，但不能杀死芽孢和孢子。主要作为食用菌环境消毒和擦洗菌袋、浸泡接种工具，使用浓度为 1 000～2 000 倍液。高锰酸钾与甲醛混合后产生氧化反应，散发出的甲醛气体有强烈的杀菌作用，这种气雾杀菌方式常用于接种室和培养室的空间消毒。用量为每立方米用甲醛 8～10 克、高锰酸钾 4～5 克，方法是先将高锰酸钾放入陶瓷或搪瓷容器中，然后加入甲醛溶液，密闭菇房 24 小时，或使用前通风透气。

（3）甲醛 本品易燃，腐蚀性强，可致人体灼伤，具致敏性，其作用机制是凝固蛋白质，直接作用于有机物的氨基、巯基、羟基，生成次甲基衍生物，从而破坏蛋白质和酶，导致微生物死亡。最常用的方法是与高锰酸钾混合后产生气体用于空间消毒。详见高锰酸钾的使用方法。

（4）二氧化氯 是一种高效强力广谱杀菌剂，可以灭杀一切微生物，包括细菌繁殖体、细菌芽孢、真菌、分枝杆菌和肝炎病

毒、各种传染病菌等。是液氯、漂白粉精、优氯净、次氯酸钠等氯系消毒剂最理想的更新换代产品，在低温和较高温下杀菌效力基本一致，pH 值适用范围广，在 pH 值 2～10 范围内均可保持很高的杀菌效率。二氧化氯主要用于食用菌生产中的空气、水、接种工具、环境等消毒处理，使用浓度为 100～500 毫克 / 千克。

（5）**来苏儿**　即甲酚皂溶液，能杀灭多种细菌，但对芽孢作用较弱。1%～2% 溶液用于手和皮肤消毒；2.5% 溶液浸泡拖把 30 分钟，拖洗地面能杀灭杂菌菌体。3%～5% 溶液用于接种用具和菌袋表面消毒。

（6）**新洁尔灭**　是一种季铵盐阳离子表面活性广谱杀菌药，杀菌力强，对皮肤和组织无刺激性，对金属、橡胶制品无腐蚀作用，不污染衣服，性质稳定，易于保存，属于消毒防腐类药剂。0.1% 溶液广泛用于接种环境的消毒，可长期保存效力不减。接种工具置于 0.5% 溶液中浸泡 30 分钟，可杀灭各种致病菌。忌与肥皂、盐类或其他合成洗涤剂同时使用，避免使用铝制容器。

（7）**石灰**　属碱性氧化物，有刺激作用，可与酸类物质发生剧烈反应，具有较强的腐蚀性。在食用菌生产中常利用石灰的碱性进行环境消毒，用 2%～3% 石灰水拌料，可提高培养料中的 pH 值，抑制细菌发酵，促进培养料熟化。

2. 常用的杀菌药剂

（1）**多菌灵**　选择性杀真菌剂，杀菌机制是干扰菌的有丝分裂过程。主要用 50% 可湿性粉剂和 40% 胶悬剂两种剂型，配制成 0.1%～0.2% 溶液用于拌料，可防止木霉、链孢霉等的污染。

（2）**甲基硫菌灵**　选择性杀菌剂，杀菌机理是在植物体内转化为多菌灵，干扰菌的有丝分裂中纺锤体的形成，影响细胞分裂。主要使用 50% 可湿性粉剂和 70% 可湿性粉剂，用干料重 0.1%～0.15% 的该药混合拌料，可预防木霉污染。

（3）**二氯异氰尿酸钠**　有机氯类杀菌剂。主要使用 40% 可溶性粉剂和 66% 烟剂。40% 可溶性粉剂，拌料用量为干料重的

0.07%～0.1%。66%烟剂熏蒸菇房，用量为4～6克/米^3。二氯异氰尿酸钠是整体上降低料中杂菌浓度，遇水即分解，作用时间短。多菌灵是选择抑制某些霉菌的生长，作用时间长，联合用药可提高控菌效果。

（4）**硫酸链霉素** 低毒杀菌剂，无臭或微臭，易溶于水。主要使用72%可溶性粉剂，可防治多种细菌和真菌性病害。可用于食用菌出菇期间细菌性病害的防治，平菇黄斑病用500倍液喷雾，连续用药2～3次可将病情控制。

（5）**硫黄** 黄色粉末，不溶于水。主要使用45%悬浮剂和50%悬浮剂。有杀菌、杀螨和杀虫作用。常用于菇房的熏蒸消毒，用药量为7克/米^3，高温高湿可提高熏蒸效果。

3. 常用杀虫药剂

（1）**氯氰菊酯** 为拟除虫菊酯类杀虫剂，具有触杀和胃毒作用。对菇蝇、菇蚊、菌蛆具有杀伤作用，药效迅速。10%乳油2000～3000倍液，可用于拌料及空间喷施。出菇期喷药，应在转潮出菇前喷施，或将菇全部采净后喷施。

（2）**溴氰菊酯** 杀虫活性高，以触杀和胃毒作用为主，对害虫有一定的驱避与拒食作用，但无内吸及熏蒸作用。对菇蝇、菇蚊、菌蛆杀伤效果显著。转潮出菇前，或将菇全部采净后用2.5%乳油2000～3000倍液喷雾。

（3）**敌敌畏** 高效、速效、广谱的有机磷杀虫剂，具有熏蒸、胃毒和触杀作用。拌料时用50%乳油按干料重的0.3%～0.5%添加。出菇期严禁用药。

4. 病虫控制器

（1）**臭氧发生器** 臭氧是一种有气味的浅蓝色气体，具有广谱高效杀菌作用。利用其强氧化性，在较短时间可杀灭细菌繁殖体、芽孢、真菌及病毒等一切病原微生物，使室内空气和物品表面达到理想的消毒与杀菌效果。其杀菌效果与过氧乙酸相当，强于甲醛，杀菌力比氯高1倍。可以驱除对气味较敏感的小动物和

昆虫，如老鼠、蟑螂等。臭氧消毒特点：一是灭活速度比紫外线快3～5倍，比氯快300～600倍。二是灭活率随臭氧浓度的增加而提高。三是消毒时不消耗氧气，还原快。四是无消毒死角，凡空气能到达的地方都能有效消毒。五是不需要辅助药剂。六是使用方便安全。七是适用于接种室、培养室、出菇室等场地的空气消毒。

（2）**黏虫板**　黏虫板原理是利用多种害虫成虫对黄色敏感，具有强烈的趋黄性特点，中外科学家经过多年试验，通过色谱分析确认了某一特殊黄色具有最好的诱虫效果，采用这种特殊黄色配以特殊黏胶，开发研制出高效黄色黏虫板，实践表明诱杀效果非常显著。使用方法是从平菇开袋或出菇期开始，保持不间断的使用，每667米^{2}悬挂25厘米×15厘米黄板30块，在菇床上方20厘米处悬挂。

（3）**诱虫灯**　诱虫灯的原理是利用害虫趋光、趋波、趋色、趋性信息的特性，将光的波段和波的频率设定在特定的范围内，近距离用光，远距离用波，加以昆虫本身产生的性信息引诱成虫扑灯，害虫被频振式高压电网触杀，落入接虫袋内。使用方法为在成虫羽化期，在菇房上空悬挂杀虫灯，每间隔10米挂1盏灯。在夜间开灯，早上熄灯，可诱杀大量的成虫，有效减少虫口数量。

参考文献

[1] 张金霞，谢宝贵．食用菌菌种生产与管理手册 [M]．北京：中国农业出版社，2006．

[2] 李育岳．食用菌栽培手册 [M]．北京：金盾出版社，2007．

[3] 居如生．平菇高产栽培技术 [M]．北京：金盾出版社，2008．

[4] 王朝江．姬菇 金针菇高效栽培关键技术 [M]．北京：中国三峡出版社，2006．

[5] 黄晨阳．食用菌技术 100 问 [M]．北京：中国农业出版社，2009．

[6] 申进文．平菇栽培实用技术 [M]．北京：中国农业出版社，2011．

[7] 王波，甘炳成，张成良．平菇标准化生产技术 [M]．北京：金盾出版社，2008．

[8] 韩建明，吕作舟，王卓仁．平菇 杏鲍菇 白灵菇 姬菇生产百问百答 [M]．北京：中国农业出版社，2009．

[9] 曹德宾．有机食用菌安全生产技术指南 [M]．北京：中国农业出版社，2012．

[10] 方芳，等．食用菌标准化生产实用新技术疑难解答 [M]．北京：中国农业出版社，2011．

[11] 宋金俤，曲绍轩，马林．食用菌病虫识别与防治原色图谱 [M]．北京：中国农业出版社，2013．

[12] 宋金俤. 食用菌病虫图谱及防治 [M]. 南京：江苏科学技术出版社，2011.

[13] 高春燕. 平菇栽培关键技术与疑难问题解答 [M]. 北京：金盾出版社，2015.